AF452356

ÉTUDES

DES

SCIENCES USUELLES

EN QUATRE PARTIES

1re Partie. Établissement des Engrais perpétuels.
2o   —   Sciences vinicoles. Maladies de la vigne.
3e   —   Sciences d'agrément. Embellissement des jardins.
4e   —   Études sur les forêts. Aménagements et leur avenir.

Par Jules BESSON.

ORLÉANS

IMPRIMERIE DE CONSTANT AÎNÉ,
Rue Royale, 14,

1870

AVERTISSEMENT.

Cet ouvrage, suite des infortunes qui ont occupé ma jeunesse, m'a donné occasion de traiter les quatre études suivantes sur les sciences usuelles.

Le but que je me suis proposé dans cet opuscule, c'est de pouvoir augmenter le bien-être du peuple des campagnes, en lui donnant les moyens d'améliorer et d'agrandir le progrès des sciences dans l'agriculture, la culture de la vigne, l'embellissement des jardins et l'organisation végétale des forêts. Ces quatre grands principes sont une des plus importantes branches du sol français, où sont occupées des classes laborieuses, en très grand nombre, aux travaux corporels, avec les moyens nécessaires à propager les progrès des sciences usuelles, et aussi de soulager la fatigue des travailleurs.

Si j'ai réussi, il ne me restera plus rien à désirer. J'aurai accompli un devoir que m'impose la mission providentielle, afin d'y peindre la vérité qui est aussi pure que les lois divines.

ÉTUDES

DES

SCIENCES USUELLES.

CHAPITRE PREMIER.

Établissement et préparation d'un engrais perpétuel dans l'agriculture ; analyse raisonnée des matières qui composent cet engrais, démontrée par les articles qui suivent.

Les Fermes Écoles.

Les fermes écoles établies par le gouvernement, qui, sur la proposition de l'auteur, avaient l'initiative de démontrer l'emploi de cet engrais à tous les fermiers de la nation, ainsi qu'aux nations étrangères.

Les fermiers doivent comprendre, d'après les réflexions de l'auteur, qu'un des plus puissants engrais est généralement perdu dans les campagnes ; cet engrais est l'égoût des étables des bêtes à cornes, et le suc des fumiers, chez les fermiers et petits cultivateurs des campagnes. Ces deux éléments, l'urine des bêtes à cornes et le suc des fumiers égoûté dans les mares qui existent presque chez tous les fermiers et chez les petits cultivateurs, est le plus puissant des engrais ; il est ordinairement perdu ou enfoui dans des fossés exprès et dans la terre. Avec ces deux éléments, on peut préparer les autres démontrés plus loin, on peut établir l'un des plus puissants engrais, et un des plus faciles à préparer, par l'urine ou égoût des étables et suc des fumiers, ainsi que les balles ou écorces de grains de toutes espèces, tels que ceux des blés, avoines, orge et escourgeons et autres espèces de grains, ainsi que les fientes de poules, pigeons et autres oiseaux domestiques, et de la terre de telle sorte qu'on voudra, excepté le tuf.

1re préparation de l'engrais. — Les fermes écoles et les fermes exploitées par les laboureurs, auront à établir une pente assez douce dans les étables, de manière à favoriser l'écoulement de l'urine des bêtes à cornes ; ensuite, en dedans ou en dehors, près l'entrée des étables, établir un bassin avec un baquet au fond, et le couvrir de fortes planches pour éviter tout danger ; si le bassin est en dehors, les planches qui le couvrent, le niveau doit être en pente, afin d'éviter d'être altéré par les eaux pluviales qui pourraient couler dans le bassin, ensuite choisir une place sous une loge ou remise, et que l'emplacement où l'on doit former l'engrais, forme le cul-de-casse, et qu'il soit au milieu de la remise ou de la loge.

Eléments de l'engrais. — Commencez par mettre une couche de balles ou écorces de grains de toutes celles qu'on peut avoir, ensuite une couche de terre de 4 à 5 centimètres d'épaisseur, et l'arroser avec l'urine provenant des étables et avec le suc des fumiers égoûté dans la mare, et ainsi de suite, en mettant parfois une couche de fientes de poules ou de pigeons et une couche de terre par dessus ; on l'arrosera de suite à toutes les doubles couches, c'est-à-dire qu'à chaque fois qu'une couche de balle ou écorces de grains et une couche de terre par dessus sera préparée ; on continuera de même, en ayant soin de l'arroser à toutes les doubles couches, de manière à traverser tous les éléments de balles et de terre à chaque fois ; quand le tas d'engrais sera arrivé à une certaine hauteur, à rendre l'opération difficile , à l'aide d'un pioche on le piochera bien en rang et on l'émiettera, afin de bien mélanger tous les éléments, et on le poussera au bout de la remise ; ensuite recommencer la préparation, tant que les éléments fourniront.

Les fermiers qui avoisinent les forêts pourront, avec la permission des administrateurs des forêts, se procurer des feuilles de chênes et autres espèces de bois, pour mélanger et augmenter la préparation de l'engrais expliqué plus haut. Cet engrais, on peut le préparer à temps perdu, c'est-à-dire les dimanches matins avant d'aller à l'église remplir ses devoirs religieux. Par ce moyen, vous pourrez préparer, à peu de frais, l'un des plus puissants engrais ;

celui qui ne sera arrosé qu'à l'urine des étables, sera le plus puissant. Les matières qui le composent, une partie sont des éléments naturels, tels que l'engrais composé avec les balles ou écorces de grains de toutes espèces et feuilles des forêts, contiennent un suc et une chaleur naturelle, sanctifiés par la bienveillante lumière du soleil.

Chez les fermiers, la préparation de cet engrais exige plus de temps que chez les petits cultivateurs. Il est nécessaire, à l'égard des fermiers, par l'abondance des éléments qui le composent, de sacrifier du temps en semaine ou dans la saison des mois de mai et juin, époque à laquelle les domestiques des fermes sont le moins occupés dans les granges ; en attendant cette époque, avoir soin de conserver l'urine des étables dans des bassins qui tiennent l'eau, pour servir à occuper les domestiques à la préparation de cet engrais aux mois de mai et juin de chaque année, si les occupations empêchent de le préparer aussi facilement que chez les petits cultivateurs.

Cet engrais se sèmera à la volée, comme l'on sème ordinairement la fiente de pigeons, et devra être remué et émietté avant de l'employer. On le consacrera à la pousse des plantes fourragères, telles que luzerne, sainfoin, trèfles et autres espèces, ainsi que pour les prairies.

Il est essentiel de l'employer pour les jardins et pour les vignes.

Pour les vignes, on le sèmera sur le paillot, au mois de novembre, et ensuite les pluies d'hiver détacheront l'engrais autour des racines, et permettront à la vigne, au printemps, une pousse vigoureuse favorisée par la puissance de cet engrais.

Deuxième préparation de l'engrais. Réflexions sur les moyens de l'établir. Les propriétaires et les fermiers devront, suivant les localités, faire mettre des gouttières à leurs habitations où les eaux tombent sur le fumier ; faute de gouttières, et que les eaux pluviales seules y tombent, et non les égoûts des toîts, ensuite avoir soin de conserver près du fumier, un trou ou bassin pour recevoir le suc des fumiers qui s'égoûte par la force des pluies, qui dégraissent les fumiers. Ce suc ou eaux noires, est à tort ordinairement perdu dans les campagnes ; il faut avoir bien soin de le conserver pour la deuxième préparation de l'engrais.

Engrais de deuxième classe. — Fermes exploitées par les laboureurs.

Préparation de deuxième ordre. — Il n'est pas nécessaire, comme dans l'article précédent, de loge ou remise ; l'endroit doit être établi près du bassin ou mare que l'on nomme plus souvent, où se répandent et s'égoûtent les fumiers. Cette eau servira pour arroser au besoin ; la deuxième préparation des engrais qui se composent ainsi : 1° mettre une couche de balles de diverses espèces de grains et la couvrir d'une couche de terre de l'épaisseur expliquée dans l'article précédent, ensuite l'arroser avec le suc des fumiers ou eau noire que l'on prendra dans la mare ou bassin, et recommencer l'opération, ainsi de suite, jusqu'à ce que le tas soit assez élevé, à rendre l'opération difficile. Au moyen d'une pioche, le piocher et le remuer, afin de bien le mélanger, et à l'aide d'une pelle, le pousser à une certaine distance, afin de ne point gêner la nouvelle opération. Recommencer ainsi de suite et continuer tant que les éléments fourniront. Le piocher et le pousser après la pelle après avoir été bien émietté et le pousser sur le même tas, et le couvrir de balles tout autour, en ayant soin d'avance de mettre le tas d'engrais en forme de cône ou pain de sucre ; le couvrir avec des bottes de paille, ou à défaut de paille, le bien couvrir avec une couche de fumier des étables, afin d'éviter que les eaux pluviales puissent le dégraisser, et autres inconvénients occasionnés par la volaille. Cet engrais sera destiné dans les cas nécessaires où le fumier manque pour compléter dans la culture la solde des blés. A cette seconde préparation, les occasions les plus favorables sont les mois de mai et juin, la saison où les pauvres ouvriers, dans les fermes de second rang, sont le moins occupés, époque où les travaux dans les granges commencent à se terminer, on emploiera à cette saison les ouvriers à la confection de cet engrais ; au mois de septembre il faudra le remuer pour le préparer à l'employer facilement.

Avant de s'en servir, on aura soin de le piocher et de

bien l'émietter, après l'avoir laissé mûrir quelques mois ; ensuite on le transportera dans les terres destinées à recevoir la semence du blé. On mettra les tas à la distance de trois mètres l'un de l'autre, et assez épais pour bien garnir la terre, et les rangées des tas ou chaînes seront également à trois mètres les unes des autres, puis on l'écartera et on l'étendra au moyen d'une pelle. Cet engrais est essentiel pour les plantes fourragères. L'année suivante, lorsqu'on fera les semis du mois de mars, cela favorisera la pousse des graines fourragères, où cet engrais a servi pour les blés.

L'agriculteur éclairé, en préparant une pièce de terre pour semer des graines fourragères, aura soin de défoncer la terre par un bon labour, de manière à permettre à la graine fourragère de pénétrer ses racines en terre, principalement dans les terrains où la couche végétale atteint à peine l'épaisseur de 25 centimètres; dans les terres noires appelées grouettes, les plantes fourragères, dans les années sèches, souffrent généralement, parce que ces terrains se massent et se serrent beaucoup ; à partir de la profondeur de dix centimètres et au-dessus, ce n'est que poussière qui déchausse les racines et les empêche de se fortifier, à cause de leurs qualités puissantes ; il n'en est pas de même des terres blanches de la Beauce et du sable noir de diverses contrées. Voyez, lecteur, l'expérience des vignes que l'on arrache : semez des graines fourragères, principalement la luzerne et le sainfoin poussent bien plus vigoureusement que dans les autres terres qui sont plus grasses, cela prouve que lorsque vous arrachez les ceps de vignes, vous faites involontairement beaucoup de guérets, à cause de la profondeur où sont plantés les ceps de vignes, bien plus que la charrue. Vous voyez par là, agriculteur éclairé, que cette expérience vous prouve qu'il est essentiel de donner un bon labour aux terres destinées pour les graines fourragères.

Quand les agriculteurs seront familiarisés à la préparation de ces engrais, ce sera un moyen à l'agriculteur humain, généreux et charitable, une occasion d'entretenir et de procurer du travail aux batteurs en grange, qui murmurent contre les machines à battre le blé. Mais qu'il se console, l'agriculteur éclairé et laborieux, remplacera en grande partie ces ouvriers, qui craignent de manquer d'occupation par les encouragements à la préparation et aux perfectionnements de ces engrais, assimilés aux machines à battre les grains, diminueront à l'avenir les fatigues des batteurs en granges.

Engrais de troisième classe. — Localités situées sur le bord des forêts.

Préparation d'engrais de 3ᵐᵉ ordre dans les petites localités, principalement sur les bords des forêts. — Les forêts offrent un des éléments qui va servir beaucoup à la préparation des engrais de troisième classe.

Etablissement de l'engrais de troisième classe. — Les propriétaires affermant les petites localités situées sur les bords des forêts, l'auteur propose, à l'égard des amis de son enfance qui habitent les bords des forêts, un moyen bien essentiel de la préparation des engrais de troisième ordre.

Les forêts, en remontant à l'origine, sont une belle création à laquelle la providence a doté le genre humain. Heureux les mortels qui comprennent l'importance de ces belles et riches végétations naturelles, si utiles au genre humain. Si la science l'eût toujours comprise, à l'époque de la terreur, les forêts ne seraient point tombées à l'infériorité d'aujourd'hui, en les comparant avec ce qu'elles étaient avant 1789. On verra, au chapitre de l'administration générale des forêts, comment l'auteur a proposé pour la première fois, à un garde particulier d'un propriétaire d'une forêt située sur la commune de Loury. Cette proposition à ce garde particulier, date de l'année 1844.

Les propriétaires dirigeant l'exploitation de leurs terres et celles affermées aux locataires, devront, chacun en ce qui les concerne, avoir soin d'établir l'écoulement des urines des étables, dans un trou ou bassin, près de l'entrée de ces étables. Ce bassin, destiné à recevoir l'égout des étables, on y mettra au fond un baquet, et on le recouvrira de fortes planches en pente pour éviter d'être altéré par les eaux pluviales, si le bassin est placé en dehors.

Opération de l'engrais, éléments qui doivent le composer : 1° les balles ou écorces de grains de toutes espèces ; 2° feuilles sèches de diverses espèces de bois qui composent les forêts ; 3° mousse, vrillons secs, bruyère fine et autres espèces d'herbes sèches des forêts, même celles des haies qui bordent les terres labourables, enclos et les jardins.

Choisir un emplacement près de la mare ou bassin d'eau noire ou suc de fumier. Cet emplacement doit former le cul-de-casse ; l'eau noire ou égoût des fumiers, jointe à l'urine des étables, servira à l'arrosage dans la préparation de l'engrais.

Eléments pour le préparer : Mettre une couche de balles de diverses espèces de grains qu'on aura eu soin de conserver, une légère couche de terre, l'arroser de suite avec de l'eau noire ou avec l'urine des étables, ensuite une couche de feuilles sèches, de la mousse et des vrillons, une couche de terre et l'arroser d'eau noire ou urines égoût des étables ; on continuera l'opération en variant les couches de balle de grains, de feuilles sèches, vrillons, mousse et bruyère fine ; on aura soin de l'arroser à toutes les couches, afin de traverser tous les éléments composant l'engrais. On continuera l'opération jusqu'à ce que le tas puisse rendre la préparation difficile, ensuite on le laissera mûrir, en ayant soin de le couvrir comme il est expliqué plus loin. Au bout de cinq semaines, on examinera si la chaleur de l'engrais a mûri tous les éléments, et si le tas est bien mûr, on le piochera et on l'émiettera, ensuite on le poussera un peu plus loin dans une place un peu creuse du milieu, afin d'éviter que le suc ne puisse se séparer du tas, ou entraîné par les pluies; on recommencera l'opération tant que les éléments fourniront.

A chaque fois qu'un tas d'engrais sera préparé, on aura soin de le mettre en tas, imitant le cône ou pain de sucre, ensuite on le couvrira bien tout autour de mousse sèche, puis d'une légère couche de fumier, afin d'éviter que les eaux pluviales puissent le dégraisser, ou que les volailles ne l'éparpillent.

Avant d'employer cet engrais, on aura soin de bien le remuer avec un pioche ; il est essentiel pour les plantes

fourragères, telles que luzerne, sainfoin, trèfle et prairies.
Cet engrais devra être transporté sur les luzernes, sainfoin
et trèfle, dans le courant des mois de Novembre, Décembre et Janvier, et on le déposera par rangées ou chaînes,
les tas d'engrais devront être à trois mètres les uns des
autres, et les chaînes également à trois mètres ; au moyen
d'une pelle, bien étaler l'engrais, et bien l'émietter partout,
afin que les pluies d'hiver puissent détacher le suc de l'engrais autour des racines, et favoriser pour le printemps, la
pousse belle et vigoureuse. Il est également utile aux vignes
en ayant soin de faire l'opération aux mois de Novembre
et Décembre au plus tard, et de déposer l'engrais dans les
sillons, au lieu de le mettre sur le paillot; on répètera l'emploi de cet engrais tous les trois ans, et on aura soin de
l'étaler avant Noël, afin que les pluies d'hiver puissent
détacher le suc autour des racines, et assurer au printemps
la pousse plus ferme et plus vigoureuse. Cet engrais est
aussi nécessaire aux jardiniers pour entretenir la fertilité
de leurs jardins.

Les propriétaires et les cultivateurs affermant des terres
voisines des forêts, auront soin de ramasser ou de faire
ramasser pendant l'hiver, dans les forêts, en demandant
la permission à l'administration forestière, des feuilles sèches, mousse, vrillous et toutes autres herbes sèches dont
l'extraction diminue à la vérité l'engrais naturel des forêts.

Les cultivateurs qui avoisinent les diverses forêts de la
nation, doivent profiter de ce procédé pour établir l'engrais de troisième classe, auquel les forêts offrent des éléments si utiles à la confection de ces engrais.

Voilà, chers campagnards, un procédé d'engrais qui est
très-facile à opérer, mais qui sera encore difficile d'être bien
compris par le vulgaire et les avares ; mais l'agriculteur
sage, éclairé, laborieux et ami de la civilisation, saura
apprécier la confection de ces engrais. Enfin, nous dirons
qu'avec de la patience, les classes agricoles de la nation
française, ainsi que des nations étrangères, se familiarise-
ront au perfectionnement et à la persévérance dans les
procédés expliqués dans les trois articles concernant la
préparation des engrais.

Les classes agricoles, une fois familiarisées à la méthode

de ces engrais , les balles de grains, telles que celles des blés et avoines, qu'ils font manger à leurs bestiaux, à l'avenir les convertiront à la préparation des engrais. Au lieu de n'employer que les rebuts des balles de grains, on y emploiera aussi celles de première qualité.

Les balles de grains de toutes espèces ne doivent point être altérées par les pluies et doivent être disposées en tas, dans un batiment ou sous une loge. En attendant la préparation des engrais, la Providence a donné à ces balles de grains de toutes espèces, un suc et une chaleur sanctifiés par les lois naturelles. Ces éléments, les balles de grains garantissent la qualité et la maturité des grains. Il en est de même des arbres productifs, leurs feuilles conservent et garantissent la maturité des fruits.

Les machines à battre les grains, qui doivent, par leur utilité, donner une occasion de perfectionner la préparation des engrais, par la qualité de grains battus en peu de temps, donnent une quantité de balles bien plus promptement qu'au fléau et une occasion de préparer plus facilement ces engrais par l'utilité et l'avantage de ces machines à battre les grains, principalement celles établies dans les granges des fermiers. Les cultivateurs qui ne peuvent, avec ces machines, le battre au dedans, feraient bien d'établir des loges provisoires proportionnées au mouvement du battage de ces machines, ce qui serait bien utile dans les jours pluvieux et garantirait les machines à battre : en interrompant le battage, ce qui éviterait également de perdre du grain. Ces loges étant bien conditionnées, le grain qui jaillit ne serait pas perdu ; la grandeur et la proportion de ces loges provisoires ne sont pas difficiles à établir et ce n'est que d'après le plan de ceux qui conduisent ces machines à donner la dimension.

Quant aux terres propres à la confection des engrais, il est bien facile de se les procurer pour la préparation ; ces terres, expliquées ci-après, seront déposées par tas, près l'endroit où se prépare l'engrais.

Premièrement, la terre blanche des marnières, l'extraction est utile pour faire l'engrais de première classe, et en mettre à toutes les doubles couches, balles de grains, et feuilles de diverses espèces de bois des forêts et autres éléments expliqués dans les articles précédents sur la méthode à suivre pour la composition de ces engrais.

Deuxièmement, dans les sablières. Le sable trop fin et mêlé de glaise, est impropre à la construction des habitations ; il est utile pour les engrais ci-dessus.

Troisièmement, la terre provenant du curage des fossés, le long des routes impériales et vicinales. Ces terres, provenant des fossés, doivent être enlevées et déposées par tas, afin de les laisser mûrir, avant de les confectionner en engrais, à cause de leurs défrichements.

Quatrièmement, la cendre de bois est également utile à cet engrais.

Cinquièmement, les boues raclées dans les cours. Pour employer ces boues, il faut qu'elles soient sèches et bien émiettées avant de les employer. La terre piochée des ornières des champs.

Sixièmement, les boues provenant des villes, également émiettées avant de les employer.

Septièmement, le curage des mares dans les cours, les boues provenant de ces mares ; avant de les employer, il faut les laisser mûrir et bien les émietter pour la préparation de ces engrais.

Avec tous les éléments expliqués dans les trois articles concernant le présent chapitre de la composition de ces engrais, vous verrez, campagnards mes amis, qu'il ne vous sera pas difficile de composer ces engrais, dont je garantis la puissance et la valeur, en exécutant les bases clairement expliquées dans le chapitre. A défaut de marnières à terre blanche, il est nécessaire d'en établir près de la maison, pour avoir la terre nécessaire à ces engrais, pourvu que ce ne soit point de la craie.

Ces engrais seront également utiles pour économiser la culture des défrichements de bois ; pour ces terrains, les fumiers manquent et coûtent beaucoup. La confection des engrais expliqués dans ce chapitre, coûte bien peu, d'autant plus que ces défrichements de bois, ordinairement environnés de forêts, nous offrent les éléments auxquels la nature a doté les forêts, les moyens nécessaires pour le préparer, et se procurer des éléments pour les engrais.

CHAPITRE II.

*Moyens propres à détruire les maladies de la vigne,
préjugés qui en sont la cause.*

L'auteur se propose de traiter les maladies de la vigne,
comme l'ayant cultivée dans sa jeunesse par lui-même. A
cette époque, la nouvelle méthode du traité des vignes
qui va suivre, m'était inconnue.

Voici maintenant celle que j'ai adoptée.

*Ceps de vignes plantés en treillage le long des habitations
dans les campagnes ; leur conservation.*

Les ceps de vignes plantés en treille, d'après la science
des lois naturelles, ne sont point originaires de la France ;
les ceps plantés en treille ainsi que les causes principales
de leur conservation et de leur durée ne sont point l'engrais du sol où ils sont placés qui en est la base, mais
plantés dans des conditions auxquelles la culture que l'on
donne ordinairement à ces ceps, dans la campagne, n'est
employée que de la manière suivante.

Les propriétaires et les locataires qni ont des ceps de
vigne en treille, le long de leurs habitations, après la
taille, les bourgeons des ceps poussent, et ces bourgeons
sont attachés à des fils de fer ou à de petites perches.
Ensuite les propriétaires ou les locataires, dans la belle
saison des mois de mai et juin, les façonnent en râclant
avec une pioche, autour du pied des ceps, et toute la partie le long du mur occupé par le treillage ; cette façon
détruit l'herbe qui pousse autour des ceps. Par ce moyen,
le chevelu ou racines des ceps aspire mieux la sève par la
terre remuée, sans que les racines en soient altérées par
la pioche. Ces ceps, grâce à ce procédé qu'on ignore dans
certaines contrées, sont assurés de leur conservation et de
leur longue durée, la vigne étant ainsi taillée en treille ;
et si, au contraire, les façons données ordinairement dans
les vignobles de la plaine, en défonçant la terre autour
des ceps, vous détruisez involontairement, par les façons
trop profondes, une grande quantité de racines aspirantes et de chevelu, arrête aux vignes une partie de leur
croissance, de leur durée et la beauté de leur végétation

naturelle. Cette opération de façonner les vignes de la plaine, ne peut attaquer les ceps en treillage, par le motif qu'ils ne pourraient l'être qu'en partie, parce qu'au-delà des ceps, les façons ne sont données qu'en râclant autour de ces ceps. Les racines aspirantes qui poussent sous le sol ferme plus loin que la façon donnée aux ceps, se conserveront toujours ; alors il est donc bien prouvé par là que la longue durée des ceps en treillage est due au respect involontaire de toutes ses racines.

Certains vignerons attribuent souvent à ces ceps une cause qui les préserve de la gelée, et qui est toute opposée à la réflexion faite par l'auteur.

Quand les vignes gèlent au printemps, les ceps plantés en treille souffrent beaucoup moins que ceux de la plaine; la cause en est ainsi démontrée : quelques-uns l'attribuent à l'abri des habitations qui garantissent de la fraîcheur de l'air. Ce qui contribue le plus à préserver les jeunes bourgeons de la gelée, ne vient point de la fraîcheur de l'air ; car, quand la gelée atteint les vignes en plaine, il y gèle tout aussi bien où sont les vignes en treille. La cause principale qui préserve les ceps de la gelée, ne vient que du lieu où ils sont placés ; l'abri des habitations empêche la gelée de pénétrer aussi avant dans la terre, puis ensuite par la conservation de toutes ses racines, ce qui les rend plus robustes que les ceps de la plaine, ce qui garantira toujours les ceps plantés en treillage le long des habitations.

Continuation des études sur la science vinicole.

Des ceps plantés dans les villes et villages le long des habitations. Réflexions importantes à cet égard.

Lecteurs, vous voyez que dans les villes et villages les ceps qui sont plantés sous la pierre, ne reçoivent ordinairement aucune façon ; ils sont cependant naturellement viables et en très bon rapport. Ces ceps s'accordent à subir l'influence des lois naturelles communes à la végétation ; ainsi que toutes les choses créées, imitées dans leurs croissances, les vignes des contrées méridionales, celles plantées dans les collines, les ceps en treillage dans les cours des habitations, subissent également les mêmes influences naturelles que celles plantées dans les rues des villes et villages. Les vignobles des contrées méridionales plantés dans les collines, sont en partie dans des terrains pierreux, auxquels, la nature, par ces gravois dont le sol est couvert en certains endroits qu'occupent ces collines. contribue, malgré l'outil du vigneron, à la conservation de ces beaux vignobles, et jamais le chevelu ou racines aspirantes des ceps ainsi que celui des villes et villages, n'est ni coupé ni altéré par l'outil du vigneron ; tandis qu'une partie des vignobles de l'Orléanais, du Gâtinais, de la Beauce, et plusieurs parties de la Bourgogne et de la Champagne subissent de fatals préjugés reconnus par une croissance trop prompte, ce qui hâte la destruction de ces vignobles. L'auteur propose un moyen bien efficace. Après de mûres réflexions fondées sur la science des lois naturelles de la végétation, ainsi que je vais le démontrer par la continuation de mes études sur les vignes, j'indiquerai la cause de leurs maladies. Celle qui attaque les fruits, n'est que l'effet d'une influence atmosphérique et passagère. Cela n'est point une cause de la destruction des ceps dans les vignobles. L'auteur lui-même ayant étudié la mortalité ou maladie qui règne dans les vignobles, et que les vignerons appellent ordinairement *orties*, ces études ont été faites sur des débris de ceps restés après les autres ceps arrachés. Les ceps qui restent abandonnés à leur propre nature, subissent l'influence des lois naturelles, que va vous peindre l'auteur, la cause et la vérité de ces maladies. En remontant à l'origine, l'espèce vinicole était pure, mais depuis quatre-vingts ans, les maladies différentes ont fait du progrès, entre autre celle appelée *orties*. Les vignerons, en plantant une vigne, prennent souvent à tort du plant où il y a des ceps orties ; on prend quelques-unes de ces plantes sans s'en apercevoir, les ceps de la jeune vigne poussent ; il y a au bout de six à sept ans des ceps orties, suite funeste occasionnée dans le plantage par le défaut d'observation de la science de lois naturelles de la végétation. Voici, amis lecteurs et vignerons, le résumé des causes principales qui suivent.

Depuis l'âge de 27 ans, j'ai travaillé dans les campagnes chez plusieurs particuliers, entre autres, à différents intervalles, à la ferme du château d'Ozereau, commune de

Neuville-aux-Bois. J'ai examiné partout où j'ai travaillé, à tout ce qui s'est passé sous mes yeux et avec soin. Etudiant soigneusement la méthode apportée dans la culture des vignes, j'ai découvert bien des choses contraires aux lois naturelles.

Depuis l'année 1856, occupé à différentes fois à la ferme du château d'Ozereau, gérée par le maître Filleau, comptable de ladite ferme, propriété appartenant à M. Alfred Decourcelles, demeurant à Paris, considérant un jour les ruines de l'ancien jardin du château, et examinant les murs en ruines qui offraient encore tout autour les traces d'un magnifique jardin, j'ai découvert dans la partie orientale et parmi les pierres dégradées de ces murs, des broussailles et des ronces, plusieurs ceps de vigne abandonnés à leur propre nature, sans aucune culture, et qui croissaient admirablement parmi les pierres, les broussailles et les ronces, très viables, imitant l'état sauvage des végétations qui subissent uniquement l'influence des lois de la nature.

Ces ceps n'étaient ni taillés, ni façonnés, ne recevaient aucun engrais, que celui que pouvait leur procurer les dépouilles du feuillage. A quoi donc attribuer leur conservation? sans doute à leur état primitif de nature, aux circonstances suivantes. Ces ceps, vieux comme les murs du jardin en ruines, le chevelu ou racines qui aspirent la sève de la terre, n'étant altérés par aucune cause quelconque, rapporte du fruit tous les ans; et les raisins cueillis sur ces ceps, viennent parfaitement à maturité et qu'on pourrait récolter si les volailles ne les mangeait tous les ans. L'âge de ces ceps doit remonter, selon toute probabilité, à l'époque où le château et le jardin étaient entretenus. Ce jardin, abandonné à l'agriculture, les murs tombent en ruines, les broussailles croissent en dedans et en dehors de ces débris de pierre, et c'est dans la partie orientale de ce jardin qu'existent ces ceps. Si, par des causes quelconques, les racines de ces ceps eussent été détruites, ils auraient péri insensiblement; et par leur croissance naturelle dont ils jouissent, ils peuvent se conserver encore très longtemps. Il est donc bien prouvé par l'expérience de ces ceps abandonnés, que la science humaine ne doit jamais se mesurer avec l'influence des éléments auxquels la Providence, par son inaltérable et sublime charité divine, et par la science de ses lois naturelles qui sanctifient toutes les choses créées, qu'il faut laisser les ceps abandonnés à leur influence naturelle. Il faut planter la vigne dans les conditions nécessaires, en ayant soin de la préserver de la destruction de ses racines, par une nouvelle méthode de plantage démontrée plus loin dans les terrains où la couche végétale varie de 50 à 60 centimètres d'épaisseur et dans des climats auxquels la température est assez douce pour mûrir le raisin, et où l'on peut élever de jolis vignobles nécessaires à augmenter le bien-être des peuples.

Je cite, lecteur, une autre occasion où j'ai vu des ceps abandonnés, que, dans la position où ils se trouvaient, leur conservation naturelle était due à la négligence du terrain non cultivé où ils étaient placés.

Ces ceps, que j'ai examinés avec soin, se trouvaient plantés dans l'enclos de la ferme du Pont-au-Lac, commune de Bougy, appartenant à M. Robert de Massy, avocat à Orléans ; ces ceps, je les ai vus dans les années 1863 et 1864, pendant le temps que j'ai travaillé dans cette ferme dirigée alors par M. Victor Courte, qui eut le malheur de perdre la vie d'un coup de pied de cheval, au mois de septembre 1865.

Ces ceps, d'une grosseur peu commune dans nos contrées, montraient par leurs apparences qu'ils devaient être bien vieux ; le terrain où ils sont situés est inculte ; si le terrain avait été soigneusement cultivé, ces ceps ne se seraient pas conservés si longtemps. Comme on en fait peu de cas, ces ceps se conserveront jusqu'à ce que ce clos ait pris place à le négligence auxquels ces ceps doivent leur conservation par le respect involontaire de toutes leurs racines ; mais sous le rapport du produit, ils ne peuvent pas être comparés avec ceux qui sont taillés et entretenus par les façons. La conservation ici démontrée, il faut encourager les vignerons à réfléchir avec soin à la nouvelle méthode à adopter pour la plantation des vignes, dans les conditions nécessaires à leur croissance et à leur durée ; afin de leur assurer la force végétale, pour obtenir de belles récoltes, en ne s'écartant pas des lois naturelles à cet égard.

CHAPITRE III.

Méthode de plantation de treilles le long des habitations. Procédé facile à exécuter pour avoir de belles treilles et d'un puissant rapport. Plantage des vignes.

Les propriétaires de terrain propre à la culture de la vigne, qui désirent embellir leurs habitations par des ceps plantés en treillage, doivent choisir de préférence les côtés de l'habitation auxquels les rayons bienveillants de la lumière solaire donnent le plus, afin qu'elle puisse pénétrer sur les ceps la plus grande partie du jour, ce qui contribuera à la maturité des raisins. Si l'on veut obtenir des ceps vigoureux, il faut les planter dans les conditions suivantes.

On les plantera dans les terrains où la couche végétale atteint l'épaisseur de soixante centimètres et plus, selon les contrées, et sous une température favorable à la maturité du raisin. On choisira principalement les terrains où la luzerne pousse ; les terres fortes ayant après la couche végétale de la glaise en dessous, vous pouvez dans ces terrains avoir de superbes ceps en treille.

Première organisation du plantage, préparation des ceps en treille dans les terrains expliqués plus haut, le plant destiné en treille ne doit pas avoir moins de 75 centimètres de longueur et plus, cela ne peut nuire On le rognera après l'avoir planté. La couche disposée à recevoir le plant le long de l'habitation, doit avoir de 50 à 60 centimètres de profondeur pratiquée au moyen d'une bêche et d'une pioche. Pour faire une bonne couche, il faut déposer d'un côté la terre de dessus et de l'autre celle de dessous; mettre ensuite le plant dans la couche, et le couvrir avec la première terre enlevée et la fouler aux pieds; on la couvrira avec la dernière terre enlevée , et on la foulera également aux pieds. A cette profondeur, le ver blanc appelé ture y travaille moins ; il faudra planter les ceps à la distance de six pieds au plus l'un de l'autre.

Deuxième préparation du plantage. Pour avoir des ceps

de double force, il faudra disposer le plant et les couches en conséquence. Le propriétaire qui voudra avoir des treilles magnifiques, ne pourra les établir en général que dans la campagne et dans les jardins.

Préparation des couches de la seconde rangée, à la distance de cinq mètres du mur et en face planter les ceps à deux mètres l'un de l'autre, de manière à pouvoir placer en équerre cette seconde rangée, que l'on formera au moyen des couches. La seconde treille sera placée à deux mètres de ceux plantés le long du mur; on les laissera croître pendant trois ans ; au bout de ce temps, on opérera à chaque cep une nouvelle couche de la profondeur expliquée dans la page précédente , et ensuite on couchera le sarment dans toute sa longueur pour arriver à former la seconde rangée de ceps, et les faire arriver en équerre jusqu'à deux mètres de ceux plantés le long du mur. Si cette opération ne suffit pas, on recommencera l'année suivante. Il ne faut pas perdre de temps, tant que les ceps ne donnent pas encore leurs fruits ; ainsi cette opération faite, les jeunes ceps, dans cette seconde rangée, seront favorisés par la quantité de leurs racines, et par la longueur de leurs couches en terre, et lui assurera une grande quantité de sève qui les garantira d'une pousse vigoureuse ; en outre cela donnera la facilité d'établir des galeries de verdure à ces treillages dans le système qui est démontré plus loin, aux chapitres des sciences d'agrément et assurera à ces treillages de merveilleux produits.

Troisième préparation du plantage de la vigne dans les campagnes; méthode de la préserver des maladies, préjugés qui en sont la cause ; analyse raisonnée par les articles précédents ; terrain favorable à la culture de la cam gne.

Le sol où croissent les forêts, principalement le chêne, le sapin et autres arbres ordinaires des forêts, dont on voit diverses garennes ou remises dans les riches et fertiles plaines de la Beauce et du Gâtinais, jusqu'à la Seine; ces plaines sont dépourvues pour la plupart de vignes et autres arbres à fruits. Dans les fertiles plaines de la Beauce on pourrait bien planter de la vigne, et facilement la culti ver, cela adoucirait la condition de ces peuples, principalement la Beauce, et augmenterait leur bien-être par le nouveau système de la culture de la vigne, dont j'ai parlé dans les articles précédents, et que j'établirai dans ceux qui suivent.

Quatrièmement, le sol où croît la luzerne. Cette plante fourragère ne pousse que dans les terrains propres à la végétation ; mais dans les terrains où la couche végétale n'a que vingt centimètres d'épaisseur, surtout les terres noires, la luzerne périt ordinairement au bout de trois ans, à cause de la couche végétale qui n'a pas assez d'épaisseur ; les arbres à pépins, tels que pommiers, poiriers, n'y croissent pas bien ; les arbres à noyaux, tels que le cerisier, le prunier, le pêcher, y croissent assez bien, ainsi que les noyers.

Cinquièmement. Les sols que j'explique par les articles trois et quatre du chapitre pour la plantation de la vigne, il faudra choisir de préférence les hauteurs, la profondeur de la couche végétale. L'assainissement du terrain et les indices qui prouvent que ces terrains où croissent le chêne, le sapin, la luzerne, ces trois plantes, dont deux de la classe végétale, et l'autre de la classe fourragère, prouveront toujours par la croissance de ces arbres et plantes fourragères, que les sols où sont situées ces forêts, garennes ou remises et par la température seront une preuve certaine de la maturité des raisins en treillage, que ces contrées sont très favorables à la culture de la vigne.

Sixièmement. Plantage de la vigne, choix du plant nécessaire à sa conservation, nouvelle méthode très facile à suivre.

Le choix du plant à renouveler les vignobles des contrées orientales et occidentales, principalement les contrées entre la Loire et la Seine. Quant aux contrées méridionales, les peuples cultivant la vigne s'accordent bien, sous tous les rapports, à la plantation de leurs vignes, à sa conservation, d'accord avec la nature du sol dans ces contrées, et de la variété des climats.

Quant aux parties orientales, occidentales, et celles des contrées situées entre la Loire et la Seine, les propriétaires et les locataires de ces contrées, doivent bien com-

prendre le respect dû à nos aïeux sur la culture de la vigne, et ainsi qu'à mes confrères les vignerons. Je le dois
aussi à l'occasion des fragments de vieilles vignes qui
existent dans les contrées vinicoles et qui sont autant de
preuves vivantes dont la conservation est due à la pureté
du plant, aux conditions et au degré de profondeur de
leur plantage très-ancien et que les préjugés ont abandonné, ce qui a occasionné une multitude de maladies dans
les jeunes vignes, suite du défaut d'application à l'étude
des sciences naturelles de la végétation d'avoir négligé
les réflexions suivantes, touchant l'influence des éléments
auxquels la science nous appelle à considérer avec attention les choses créées, la croissance naturelle des végétaux
et leur durée tant des vignes que des arbres à fruits. J'appelle également l'attention de mes amis les vignerons à
renouveler les vignes, en faisant choix du plant sur les
vieilles, et qui sont en parfaite conservation, épars dans
les contrées vinicoles.

Méthode du plantage destiné à améliorer les fatigues
des vignerons et à garantir la conservation des vignes, et
de les épargner dans certaines contrées du ver blanc appelé ordinairement ture.

Tracé des lignes du plantage, procédé à suivre; la distance des ceps ne doit point varier avec les plantations
jusqu'alors en usage, en évitant toutefois le levage des
rions que l'on a habitude de faire, qui soulèvent et ameu-
blissent trop la terre, et procurent trop souvent au
ver blanc de manger l'écorce des jeunes plants de vignes.

Ligne du plantage des ceps; ces lignes doivent être ti-
rées au moyen d'un cordeau attaché à chaque bout par
une cheville en bois destinée à tenir le cordeau en ligne
droite, ensuite un vigneron, au moyen d'une pioche et
d'une mesure, marquera la distance des ceps, un autre
fera l'ouverture de la couche de la profondeur de cinquan-
te à soixante centimètres, avec une mesure destinée à la
profondeur desdites couches; on mettra d'un côté la première terre enlevée, et de l'autre la seconde ou celle de
dessous. Il ne faudra rogner le plant qu'après l'avoir
planté et après l'opération des couches faites. On aura

soin que le plant destiné à cette préparation soit plutôt
long que trop court, étant plus facile de le rogner.

Un des vignerons prendra les plants, un second les po-
sera dans la couche. On renversera ensuite sur le plant
la première terre enlevée, et on la foulera aux pieds,
puis on mettra la seconde terre et on la foulera bien.
Il ne faudra tailler les jeunes plants que quand ils seront
bien poussés. La méthode de ce plantage doit se faire aux
mois de Mars et Avril.

Aussitôt que le plantage sera opéré, on se préparera,
avant la pousse des jeunes ceps, à la formation du paillot
ou sillon, avec une meigle, outil appelé ordinairement
mâre, on façonnera avec la meigle la terre que l'on re-
levera, en piquant de manière à former le paillot ou sillon bien fait. Après la formation du paillot, et quand les
jeunes ceps seront bien poussés, on continuera les façons
ordinaires, et l'on modérera ces façons; on aura soin de
détruire l'herbe, et de couper les racines qui poussent hors
de terre. Quand la jeune vigne commencera à donner ses
premiers fruits, on la fumera, en l'ouvrant légèrement, à
la fin d'octobre et dans la première quinzaine de novembre. On évitera de toucher à la terre ferme qui couvre les
ceps, ce qui donnerait occasion d'attirer la pousse du chevelu dans la terre en la façonnant trop profondément et
nuirait à la vigne par la destruction continuelle de son
chevelu; de là s'engendrent les maladies ordinaires.

On ne l'ouvrira seulement que de quoi recouvrir le fumier, ensuite on déposera le fumier sur le paillot, on l'é-
parpillera et on l'émiettera aussitôt; il faudra le recouvrir
avant que l'hiver commence, c'est à dire avant le premier
décembre. A cette époque, la végétation rentre dans le
sommeil, la saison des pluies, des neiges, l'intempérie du
temps de tout genre commencent alors; l'engrais appliqué
aux vignes avant les mauvais temps, le suc des engrais,
le pénétrant autour du chevelu ou racines aspirantes de la
vigne, assurent au printemps une pousse plus belle, plus
vigoureuse; les ceps sont plus robustes à résister aux in-
tempéries des saisons. Il faudra répéter cette méthode
d'engrais, à la même époque, tous les trois ou quatre ans.

Les vignerons qui n'auraient pas le temps favorable de

pouvoir ouvrir leurs vignes, avant la première quinzaine
de novembre, pour transporter le fumier, ils le déposeront
dans le sillon au lieu de le mettre sur le paillot et ils l'é-
parpilleront et l'émietteront avec soin. La saison des pluies
détache l'engrais, c'est à dire le suc autour des racines
et n'en assure pas moins aux vignes une pousse aussi vigoureuse que le premier procédé de fumage; mais, dans
ce dernier procédé, il faut la relever avant le taillage, ou
dans les premiers mois de Mars, afin d'achever par les façons ordinaires, les débris restant du fumier qui n'est pas
encore consommé.

Plusieurs vignerons, dans certains endroits, touchant les
façons données à leurs vignes, se donnent beaucoup de
peine inutile, en défonçant la terre, qui, suivant eux,
favorise le produit de leurs récoltes; il n'en est rien du
tout. Au contraire, ces vignobles sont pour la plupart situés entre la Seine et la forêt d'Orléans ; et en différents
endroits jusqu'à la Loire, la plupart des vignes de ces contrées que j'explique dans ce chapitre ne sont pas plantées
assez profondes dans les terrains où la couche végétale
est assez épaisse, et favorable à leur végétation , et les
façons ordinaires trop profondes données à ces vignes at-
tirent les racines aspirantes dans leurs pousses à croître
dans la terre meuble, et détruit ce chevelu au fur et à mesure par les façons données à ces vignes qui périssent tôt
ou tard en très bonnes façons et par des maladies invé-
térées occasionnées par la destruction involontaire des
racines aspirantes , et par d'autres inconvénients , tel que
le fumage au printemps.

Les vignes dont les ceps sont plantés de 30 à 35 centimètres de profondeur, outre la destruction des racines
aspirantes, occasionnée par les façons, un autre genre de
maladie les atteint dans les hivers rigoureux, jointe au défaut des conditions du plantage, par les fumages que l'on
fait assez souvent dans le courant de Mars et Avril, époque à laquelle l'engrais employé aux vignes dans cette
saison est en dehors des lois de la nature. A cette époque,
ces engrais, au lieu de produire leur effet naturel sur les
vignes , brûlent au contraire, dans les années sèches ,
les racines aspirantes ; il en est de même des ceps de vi-

gne plantés en treille le long des habitations où le fumier
des étables est trop près des ceps plantés le long du mur,
et ces fumiers placés à 30 et à 40 centimètres des ceps,
l'excès de la chaleur des fumiers brûle les racines aspirantes, qui périssent au bout de trois ou quatre ans, juste
au moment où les racines auraient gagné la masse de la
chaleur produite par les fumiers de la cour, par la croissance des racines arrivées au dessous des fumiers. Dans
toute espèce de culture, soit vigne, soit arbre à fruits, il
faut les traiter d'accord avec la science des lois nouvelles.

Il y a des vignerons qui conseillent de planter la vigne
à la profondeur de 35 centimètres au plus, et que cela produit bon effet. A cette profondeur, oui ; mais d'après une
autre méthode de plantage à suivre dans les terrains où
la couche végétale n'a à peine de 30 à 40 centimètres
d'épaisseur, il est impossible de planter de la vigne dans
les mêmes conditions de terrain où la couche végétale est
épaisse ayant en dessous du sable, et d'autres contrées de
la terre glaise, d'autres rougeâtre ou terre de la Beauce
et d'une partie du Gâtinais. Dans ces terrains, où la couche végétale varie de 30 à 35 centimètres d'épaisseur et
de la terre blanche en dessous, les vignes, dans ce dernier
terrain, quand les racines des ceps ont pénétré dans la
terre blanche, vous voyez bientôt les bourgeous de la
vigne jaunir, languir et périr.

Alors dans ces terrains où la couche végétale n'est pas
assez épaisse, ayant la terre blanche en dessous, on pourra, par une autre méthode de plantage nécessaire à la
vigne, dans ces terrains où la couche végétale n'a tout au
plus 30 centimètres d'épaisseur, trouver un moyen de l'a-
méliorer. On verra plus loin le nouveau procédé de plantage à cet égard.

Les vignes plantées à la même profondeur de 30 à 35
centimètres dans les terrains favorisés par une forte épaisseur de terre végétale, ayant en dessous du sable, d'autres
de la terre glaise, d'autres de la terre rougeâtre, eh bien,
la vigne cultivée dans ces terrains, les racines n'atteignent-elles pas au delà de la profondeur du plantage,
et même n'atteignent-elles pas le degré de profondeur

où elles devaient être plantées, comme il est expliqué dans les articles 5 et 6 du présent chapitre du traité des vignes? et si les terrains dont je parle par ces deux articles 5 et 6 n'étaient pas plus favorables à la culture de la vigne que ceux où la terre blanche est à 30 ou 40 centimètres sous la terre végétale, eh bien, les racines des ceps de vignes plantés dans les terrains cités par les articles cinq et six du chapitre pénétreraient profondément au-delà du plantage dans la glaise, dans certaines contrées; dans d'autres, pénètrent dans le sable. Si ces terrains étaient contraires à leur croissance naturelle, une fois les racines arrivées au-delà de la profondeur du plantage, elles jauniraient et périraient tout aussi bien que dans les terrains, dis-je, où la terre blanche est à 30 ou 40 centimètres plus ou moins, sous la terre végétale. Et vous voyez, lecteurs, par ces réflexions, que les vignes doivent être plantées dans les terrains expliqués dans ce chapitre, et dans les conditions établies par les articles 5 et 6 du chapitre sur le traité des vignes.

Art. 7. Méthode du plantage de la vigne dans les terrains où la couche végétale n'a que de 30 à 40 centimètres d'épaisseur, plus ou moins, ayant de la terre blanche en dessous. Ces terrains n'étant pas bien favorables à la culture de la vigne, on peut la cultiver par une nouvelle méthode de plantage proposée par le système établi par l'auteur. Comme ces terrains ne sont doués que d'une faible couche de terre végétale, il est donc nécessaire, dans ces terrains, peu favorables à la culture de la vigne, de la perfectionner et l'améliorer, en la plantant dans les conditions suivantes.

Plantage des ceps, tracé des sillons, conditions du fumage à l'égard de ce nouveau genre de plantage.

Tracé des sillons ou silées. Les sillons doivent être également tirés au cordeau, comme il est expliqué par l'arcicle 6 du tracé des lignes sur le plantage des ceps, opéré en ligne et expliqué par l'article 6. Auparavant la pousse des ceps, le vigneron se disposera à former le paillot. Au lieu de le former sur la couche des ceps, comme on le fait ordinairement dans les vignes des contrées que j'ai expliquées par les articles 5 et 6 du chapitre, il n'en sera pas de même dans les terrains qui ont la terre blanche sous la terre végétale ; au lieu de piquer par le pâsage la terre pour former le paillot comme à l'ordinaire, au lieu de renverser la terre sous la couche des ceps plantés, on formera le paillot tout à l'opposé, afin d'assurer une croûte ferme sur la couche des ceps, au lieu de renverser la terre ou de la relever par le pâsage sur la couche des ceps, la ligne où est placée ladite couche ; c'est là que sera formé le sillon; le paillot sera établi tout en ligne contraire, c'est-à-dire qu'on fera le paillot où est le sillon dans l'ordinaire des vignes établies jusqu'à ce jour. Par ce nouveau procédé de plantage, on assurera aux vignes, dans ces terrains, un massif de terre ferme sur les ceps, ce qui les garantira de la destruction de leur chevelu ou racines aspirantes. On fera les façons à ce nouveau genre de plantage comme on le fait aux vignes ordinaires ; seulement on ne commencera les façons qu'au mois de mai, afin d'éviter les gelées du printemps.

Dans cet article 7 du nouveau procédé de plantage de la vigne dans les terrains qui ont une insuffisante épaisseur de terre végétale, l'on n'aura jamais besoin de l'ouvrir ; pour la fumer, on commencera ce travail aux époques expliquées dans l'article 6 du chapitre du traité des vignes ; on déposera le fumier dans le sillon. Aussitôt que l'on aura déposé le fumier nécessaire à la vigne que l'on veut fumer, on l'éparpillera bien et ou l'émiettera, afin que les pluies d'hiver puissent détacher le suc autour des racines, ce qui se fera facilement, puisque le fumier sera dans le sillon et qu'il sera aussi sur la terre ferme recouvrant les ceps. La croissance de la vigne dans ce dernier procédé de plantage, subira l'influence naturelle des ceps plantés en treille le long des habitations des villes et des campagnes. Propriétaires et locataires qui cultivez la vigne, réfléchissez bien à tout ce que vous démontre l'auteur dans ce traité de la science vinicole, et qui est également établi sur la science des lois naturelles, sont autant de lumières de l'inaltérable et sublime charité divine.

CHAPITRE IV.

Ce chapitre concerne les sciences d'agrément qui déve-
loppent le système d'embellissement des jardins des
villes et des campagnes.

Art. 1ᵉʳ. Les propriétaires qui cultivent des jardins pour
leur agrément et les locataires qui les cultivent pour augmenter leur produit, moi, l'auteur, j'en ai examiné plusieurs qui appartenaient à la noblesse et à la bourgeoisie.
En me promenant dans ces jardins, j'ai remarqué, chose
assez étonnante, qu'il existait des embellissements qui n'a-
vaient aucun rapport à comparer avec ceux que je vais
démontrer plus loin ; et c'est là où est la fortune que seront favorisées et exécutées les bases des sciences d'agrément, pour l'embellissement des jardins, et la providence
inspirera à toute personne favorisée de la fortune, à pouvoir, à peu de frais, dans la culture des jardins, les déco-
rer d'une autre manière que celle dont ils jouissent pour
la plupart, dans le système démontré par l'auteur sur les
sciences d'agrément, dans les jardins touchant les treillages
et une partie des arbres à fruits.

Les propriétaires nobles, bourgeois et campagnards, ont
en général de beaux jardins plantés de diverses espèces
d'arbres qui les embellissent. Ils sont cultivés, organisés
avec goût, selon la fortune et la science des propriétaires,
qui savent choisir des jardiniers éclairés pour la culture de
ces jardins.

L'auteur, à ce propos, indiquera seulement un modèle
à suivre, à nos riches, nobles, bourgeois et campagnards
de la nation, un moyen bien simple pour orner leurs jardins de belles galeries de verdure, et abondantes en
produit, qui égaliseront sans peine les beaux arbres de
toutes espèces qui sont sans aucun rapport, et occupent
le terrain d'une partie des jardins.

ART. 2. Les châteaux possédés par les nobles, les maisons occupées par la bourgeoisie, et les riches campagnards
qui désirent orner leurs jardins par la plantation de belles galeries de verdure qui donneront le plus beau coup-

d'œil, pourront admirer ces plantations d'accord avec les lois naturelles.

Plant des galeries de verdure dans les jardins appartenant à la noblesse, à la bourgeoisie, que la providence a dotées de la fortune; moyen essentiel de favoriser le nouveau procédé des sciences d'agrément.

Les jardins d'une contenance quelconque, plantés, pour la plupart, d'une grande partie d'arbres de toutes espèces qui les embellissent et sans aucun produit, l'auteur propose le plant suivant.

Il faut planter en face des parties du château dont la façade donne sur le jardin, une allée traversant le jardin ayant la largeur de deux mètres, plus ou moins, pour servir de promenade; planter de chaque côté de cette allée, une rangée d'arbres à fruits choisis chez les meilleurs pépiniéristes, et qui seront destinés à être taillés tous les ans; planter ces arbres à fruits à la distance l'un de l'autre, de deux mètres, et à 60 centimètres de profondeur.

Ensuite, à la distance de cinq mètres prise de chaque côté de l'allée d'arbres à fruits soit de pommiers ou de poiriers, mettre une rangée de ceps de vignes à deux mètres l'un de l'autre, et les planter de manière à venir par les couches, figurer en équerre entre les pommiers et poiriers, pour former la galerie de verdure ; la distance des ceps de l'allée est pour garantir les racines des fruitiers, qui pourraient leur nuire, et laisser croître les ceps pendant trois années en les taillant tous les ans. A la troisième année on laissera croître les bourgeons dans toute leur longueur, et on les attachera à des échalas assez longs pour garantir les bourgeons d'être cassés par le vent. En attendant la pousse des arbres à fruits il faudra planter des pieux de distance en distance. Ces pieux devront avoir deux mètres de longueur, pour y attacher des fils de fer ou des échalas en bois pour tenir les rangées de fruitiers et ceps de vignes en ligne droite, et on attachera dans la suite, à ces fils de fer, ou échalas de bois, les membrures des arbres fruitiers et celles des ceps de vignes.

A la quatrième année, ces ceps ayant assez de force
pour que l'on puisse préparer les couches, et les faire
arriver à joindre des deux côtés de l'allée et entre les fruitiers, le jardinier, aidé dans cette opération, mesurera la
longueur des bourgeons en choisissant le plus beau à chaque cep, et il coupera les autres, puis fera l'ouverure de
la couche à chaque pied, de la profondeur de 60 centimètres, ensuite on le couchera avec la longueur du bourgeon pour arriver à joindre des deux côtés de l'allée, et
en équerre entre les arbres fruitiers. Si les couches de la
première année ne suffisaient pas, on recommencera l'année suivante jusqu'à ce qu'ils arrivent entre les fruitiers de
manière à figurer en ligne droite, pour préparer la galerie
de verdure.

Préparation des galeries de verdure, conditions des
membrures des pommiers, poiriers et ceps de vignes. Ne
point oublier à ce que les pieux soient plantés aux pieds
des ceps de vignes; les arbres fruitiers doivent être taillés
tous les ans.

Préparation des membrures des arbres fruitiers, leurs
dispositions à figurer ; les tailler de la manière suivante.
On les taillera à la hauteur de 35 à 40 centimètres au-dessus du sol, en laissant une membrure à droite et l'autre
à gauche de chaque fruitier, et on les tendra au fil de fer
attaché d'un pieux à l'autre, les conditionner de manière
à être tendu d'égale hauteur à partir du tronc ou tige du
fruitier de manière, que, dans les années suivantes, ces
membrures puissent joindre les pieux plantés aux pieds
des ceps. Cette disposition des membrures doit être appli-
quée à tous les arbres fruitiers, d'un côté de l'allée, les
arbres de l'autre côté, devront être taillés de manière à
favoriser à l'avenir la voûte de verdure ; le treillage sera
disposé de la manière suivante.

La seconde rangée sera taillée également comme l'autre
rangée, à la hauteur de 35 à 40 centimètres au-dessus du
sol, et on disposera les membrures comme la première
rangée, une membrure à droite et l'autre à gauche. Dans
les années suivantes, quand les arbres seront assez robustes, on disposera à tous les trois fruitiers, d'un côté de
l'allée, des membrures que l'on fera croître en cercle pour

aider à former la voûte, en ayant soin que les fruitiers des deux rangées de chaque côté de l'allée soient plantés vis-à-vis l'un de l'autre, de manière que ces fruitiers, dans leur croissance, puissent favoriser la galerie de verdure, que je vais expliquer, après avoir donné les détails sur le taillage des ceps de vignes, arrivé par les couches en équerre entre les fruitiers des deux côtés de l'allée.

Taillage des ceps pour aider à la formation des galeries de verdure.

Quand ces ceps auront atteint la cinquième année de leur plantage, on laissera au taillage le plus beau sarment qui se trouvera sur la souche. et on le coupera à la hauteur de quatre pieds au-dessus du sol, en laissant deux nœuds, et les courges de chaque cep seront taillées à la hauteur de quatre pieds, puis on attachera ces courges à chaque poteau. planté au pied de chaque cep ; ces poteaux devront être plantés en dedans de l'allée pour ne point abîmer la couche des ceps ; les bourgeons qui pousseront des deux nœuds laissés aux courges de quatre pieds, on les attachera au fil de fer placé d'un pieux à l'autre, en buisson et légèrement, à droite et à gauche, sur les fils de fer. Au commencement de la pousse de ces bourgeons, on les attachera bien droits pour éviter de les casser ; quand ils auront plusieurs pieds de longueur, on abaissera ces deux bourgeons à droite et à gauche de chaque cep. On les tendra et on les attachera au fil de fer à mesure qu'il pousseront ; et l'année suivante, ces deux bourgeons qui seront bien mûrs, feront deux membrures à chaque cep que l'on joindra d'un cep à l'autre des deux rangées de chaque côté de l'allée. Maintenant je reviens aux dispositions des arbres fruitiers pour préparer la voûte de la galerie de verdure.

Aux trois arbres fruitiers d'une des deux rangées de chaque côté de l'allée, on laissera croître une membrure droite, et on l'attachera au fil de fer, en attendant que l'on place des cercles d'un pieux à l'autre au-dessus de l'allée pour former la voûte. Quand les cercles seront placés, on mettra des fils de fer depuis la hauteur des membrures des fruitiers jusqu'aux cercles ; à défaut de fils de fer, on pourra y placer des petites perches bien droites jusqu'en dessous des cercles, de manière que l'on puisse attacher des deux côtés les bourgeons pour garnir la voûte de la galerie de verdure. Quant aux membrures des fruitiers que l'on a réservés pour former la voûte, on les fera croître en suivant le centre des cercles, jusqu'à descendre et joindre l'autre rangée. Il ne faudra pas que cette membrure soit plus basse que le faîte des pieux ; on laissera à chaque fruitier, en face, une membrure , qu'on laissera croître à la hauteur des pieux ; on attachera le bout à l'autre membrure, qui est venue croître vers le centre des cercles, et ainsi la voûte de la galerie de verdure sera préparée. A l'avenir, les membrures des fruitiers réservés exprès, et que l'on fait croître au centre des cercles , quand ils auront acquis assez de force pour supporter la voûte, l'on n'aura plus besoin de cercles, et avec du temps, de la patience et de la persévérance à conditionner ces belles galeries de verdure, la providence, dans son influence sur les lois naturelles de la végétation, fera le reste.

Tous les ans, quand les fruitiers pousseront, on aura soin d'attacher leurs bourgeons aux fils de fer, ces bourgeons poussant sur les membrures de chaque fruitier ; ceux des ceps de vignes seront placés à la hauteur nécessaire à ne point nuire, par leur plantage, à la disposition des membrures, à la croissance des fruitiers et à la maturité de leurs fruits.

Les bourgeons des ceps de vignes qui poussent sur les membrures seront tendus à droite et à gauche de chaque cep et attachés sur les fils de fer des deux rangées de chaque côté de l'allée ; on les attachera et on les fera croître vers le centre des cercles, afin d'achever de garnir la voûte de la galerie de verdure, et par l'exécution de ces dispositions, les galeries de verdure seront achevées.

CHAPITRE V.

Continuation des sciences d'agrément ; plant destiné à orner la seconde galerie de verdure, traversant la première établie en face des châteaux, ayant la même largeur, et la planter comme la première, mais pas avec les mêmes arbres.

On peut varier cette seconde allée avec d'autres arbres fruitiers, tels que pêchers, ceps de vignes variés. Pour barioler cette seconde allée de différentes couleurs, ces pêchers étant disposés à être taillés tous les ans, doivent être plantés sur les côtés de l'allée, en ligne droite, à trois mètres l'un de l'autre et de 60 à 70 centimètres de profondeur ; on règlera dans leur pousse la disposition des membrures expliquées plus loin et que je détaillerai après l'indication du plantage des ceps qui viendront compléter cette seconde allée de verdure.

Les pêchers de diverses espèces, par leur nature végétale, ne sont pas aussi robustes que ne le sont les fruitiers de la première allée.

Les ceps de vignes de chaque côté de l'allée devront être variés, d'un côté de l'allée il y aura des ceps produisant du raisin noir, et de l'autre rangée des ceps de raisin blanc.

Ces ceps devront être plantés à la distance de trois mètres de chaque côté de l'allée, et à trois mètres l'un de l'autre, de manière à venir en équerre entre les pêchers et en ligne droite, puis on les taillera tous les ans. A la quatrième année, on laissera croître les bourgeons dans toute leur longueur, en ayant soin de les attacher à des échalas pour les préserver d'être cassés par le vent ; l'année suivante, on ouvrira à chaque cep une couche de la profondeur de 60 centimètres, ensuite on couchera le cep en laissant le sarment le plus long, et on le couvrira ensuite avec la terre enlevée, de manière que l'année suivante, si la première couche ne suffit pas, ils pourront arriver en équerre entre les pêchers pour venir compléter la nouvelle galerie de verdure bariolée de diverses couleurs.

Après cette opération faite, on plantera des pieux à chaque cep de vignes, et en dedans de l'allée ; afin de ne point nuire à la couche des ceps, on mettra deux chevilles croisées traversant le pied de chaque pieux que l'on placera avant de les planter.

Ces pieux ne doivent pas avoir moins de deux mètres de hauteur ; l'on fera un trou pour chaque ; on les plantera en laissant hors de terre la hauteur de cinq pieds, ensuite on placera des petites perches bien droites d'un pieux à l'autre attachées à des fils de fer ; ces petites perches seront à 35 centimètres au-dessus du sol et jusqu'à la hauteur de l'extrémité des pieux, afin de pouvoir soutenir et attacher les membrures des pêchers et ceps de vignes, que je vais indiquer par le taillage suivant.

Taillage des pêchers. Les pêchers doivent être taillés à la hauteur de 5 mètres au-dessus du sol ; au bout de trois ans, on disposera par le taillage des membrures à droite et à gauche, et on les attachera aux perches, ou à défaut de perches, on les attachera à des fils de fer pour préparer la galerie de verdure. Ces deux membrures, l'une à droite et l'autre à gauche, quand elles auront acquis de la force nécessaire, on en laissera croître d'autres plus petites que l'on attachera aux perches, principalement celles de l'extrémité des pieux pour garnir la galerie de verdure, en attendant les membrures des ceps de vignes que l'on préparera par le taillage suivant.

Taillage des ceps de vignes ; dispositions des membrures pour joindre celles des pêchers, afin de relier les deux rangées de pêchers et ceps de vignes, ce qui donnera le plus beau coup-d'œil aux galeries de verdure. Les ceps de vignes des deux rangées doivent être taillés de la manière suivante.

Les ceps de cette allée seront taillés à la hauteur de 35 centimètres au-dessus du sol, en laissant toutefois deux nœuds à la courge, qui feront deux membrures, que l'on tendra sur les perches, dont une à droite et l'autre à gauche, et on les tendra de manière à ce qu'elles se joignent par le bout avec celles des pêchers de diverses espèces, de manière à relier les membrures des pêchers avec celles des ceps de vignes, afin qu'elles puissent s'entretenir d'un bout à l'autre de l'allée. Les bourgeons qui pousseront sur ces membrures seront liés aux perches attachées d'un pieux à l'autre, afin d'orner la galerie de verdure.

Le plantage des ceps ornant ces galeries, doit toujours être à cinq mètres des autres arbres, afin d'éviter de leur nuire dans leur croissance naturelle ; ces belles galeries de verdure ajouteront, par l'abondance de leurs produits, à la charité des bons nobles et bourgeois envers le pauvre, et procureront dans leurs loisirs et avec le soin des jardiniers éclairés, à pouvoir donner à leurs propriétés, le plus beau coup-d'œil embellit par les lois de la Providence.

CHAPITRE VI.

Suite des sciences d'agrément concernant les parasols de verdure, couronnes de verdure embellissant les fontaines ; allées d'arbres tondus, charmilles et lieux consacrés à la religion chrétienne.

J'ai examiné plusieurs châteaux de la noblesse et de la bourgeoisie, à l'égard des embellissements des façades et des cours de ces châteaux ; les uns servent d'ombrage pendant la belle saison, les autres sont des allées taillées et tondues avec soin ; embellissements nécessaires touchant les allées tondues, détail que j'ajouterai plus loin ; une partie de ces arbres servent d'ombrage pendant la belle saison contre l'ardeur du soleil.

Plant de parasols de verdure, détail sur la manière de les construire.

Il faut planter deux ceps de vignes, l'un à droite et l'autre à gauche de la porte du château et à environ 3 mètres de l'entrée ; on les laissera croître pendant 3 ans ; on les taillera tous les ans. A la quatrième année, on les couchera, ayant eu soin la troisième de laisser pousser les bourgeons dans toute leur longueur ; en ne le couchant qu'à la quatrième année cela augmentera la force des ceps, en même temps cela favorisera la construction du parasol de verdure.

Construction du parasol de verdure. On plantera un pieux de chaque côté de l'entrée du château; auparavant de les placer, on mettra deux chevilles croisées par le bout. Ces pieux ne doivent pas avoir moins de 3 mètres de longueur, et on les plantera le long du mur et de chaque côté de la porte, et à 3 mètres l'un de l'autre, ce qui fait environ un mètre de chaque côté de l'entrée.

A défaut de pieux, on pourra y placer des colonnes en bois de la même hauteur, ensuite on en placera deux autres, que l'on plantera en face de ceux plantés le long du mur, et à deux mètres toujours à la même hauteur et à la même distance l'un de l'autre; ensuite on choisira de beaux cercles de longueur, on en prendra trois et on les placera de la manière suivante : deux attachés du bout d'un pieu à l'autre et croisés par la manière que les deux cercles sont cloués sur le bout des quatre pieux. D'abord le premier cercle est cloué avec des pointes, au bout d'un pieu, le long du mur, puis ensuite on amènera l'autre bout du cercle, non pas sur le pieu en face, mais sur l'autre, afin que les cercles se croisent et on les attachera avec des pointes; l'on pointera le second comme le premier, de manière à croiser en sens contraire d'un pieu à l'autre; on placera un autre cercle différent des autres; on le placera à plat en dedans des pieux, et qu'il soit assez long pour le joindre de l'un à l'autre, et le tenir avec des pointes, en ayant soin qu'il soit attaché à l'extrémité des quatre pieux. Ce dernier cercle sera pour recevoir les membrures des deux ceps; on en placera un second cercle à la moitié de la hauteur des deux premiers et croisé, ce qui en fera quatre au lieu de trois; ce quatrième sera maintenu en dedans des deux cercles croisés, et on l'attachera avec des fils de fer. Ce dernier sera pour arrondir le parasol de verdure.

Maintenant que le parasol est préparé pour recevoir les membrures des ceps, ils seront taillés dans les dispositions suivantes.

A la troisième année on laissera croître les bourgeons dans toute leur longueur, et on les attachera à mesure qu'ils poussent pour l'année suivante; ensuite au printemps prochain on fera l'ouverture d'une couche à chaque cep, et on les mettra dans la couche faite le long du mur, de manière à venir joindre le pieu placé de chaque côté de l'entrée de la porte ; et on la couvrira de terre et on la foulera bien aux pieds. L'année suivante on tendra une membrure de ces deux ceps qui grimpera le long du pieu jusqu'au premier cercle. Une fois que les membrures de ces deux ceps auront atteint le premier cercle, on les taillera à cette hauteur, en laissant deux nœuds aux membrures, et ces nœuds feront de nouvelles membrures que l'on tendra sur ce premier cercle.

On laissera croître les membrures de ces ceps jusqu'à ce qu'ils se joignent l'un à l'autre, ce qui imitera la couronne de verdure. Alors on placera des fils de fer au centre des cercles, principalement comme celui qui est à l'extrémité des pieux, là où sont attachées et tendues les membrures des deux ceps ; on attachera ces fils de fer depuis celui qui soutient les membrures, jusqu'au-dessus de celui placé plus haut, et de là à la voûte, de manière à pouvoir attacher les bourgeons qui pousseront sur les membrures des deux ceps. Les bourgeons qui pousseront seront attachés aux fils de fer placés jusqu'à la voûte, et on les attachera en dedans, afin qu'ils suivent le centre de la voûte ; le parasol de verdure sera préparé insensiblement avec le temps, ce qui donnera un beau coup-d'œil dans la belle saison, tout en garantissant une très-grande production. Le procédé de plantage est acquis par l'expérience des déplacements de ceps par quelques propriétaires qui, pour cause de réparations dans leurs propriétés, ont déplacé, par une nouvelle couche, les ceps, afin de les soustraire à la destruction par suite des débris de démolition dans ces réparations.

Tel est le système établi pour les parasols de verdure. Le lecteur ne doit point s'étonner de la force que les ceps acquièrent par leurs doubles couches en terre et leur assurer une grande quantité de racines aspirantes, ce qui double la force de la sève et rend les ceps plus robustes ; ce système sera bien compris par les hommes éclairés et amis des sciences vinicoles et végétales. Ces parasols seront établis avec des pieux ou colonnes en bois, comme il est expliqué dans le présent chapitre.

CHAPITRE VII.

Plant à orner les fontaines et qui servent à arroser les jardins ; ces fontaines peuvent être embellies par l'établissement de la couronne de verdure préparée de la manière suivante.

Les ceps destinés à embellir les alentours du bassin ou fontaine doivent être plantés à la même profondeur indiquée au premier chapitre du traité des vignes ; deux ceps suffiront pour préparer la couronne de verdure. On la plantera dans les conditions suivantes.

On plantera un cep dans la partie orientale du bassin ou fontaine, et à deux mètres de la maçonnerie, ensuite on mettra au bas du cep un pieux de la hauteur de deux mètres.

On plantera un second cep dans la partie occidentale de la fontaine ; il faudra le planter comme le premier à deux mètres de la maçonnerie et un pieu planté au bas du cep, et de la hauteur du premier ; l'on taillera ces deux ceps pendant trois ans, afin qu'ils aient la force de commencer la couronne de verdure ; à la troisième année, on laissera croître les bourgeons pour arriver à la hauteur des pieux: on se disposera à la préparer dans l'ordre suivant.

On plantera de nouveaux pieux tout à l'entour de la fontaine, et on les mettra à deux mètres l'un de l'autre, à partir de ceux plantés au pied des deux ceps, et à deux mètres de la maçonnerie de la fontaine.

Une seconde rangée de pieux sera placée le long de la maçonnerie, et à deux mètres l'un de l'autre, et de la même hauteur que la première rangée. Voilà les pieux plantés pour commencer la préparation de la couronne de verdure ; établissement des membrures que l'on tendra sur les fils de fer; il y aura moins de pieux dans la seconde rangée que dans la première.

On attachera des fils de fer d'un pieu à l'autre, ou bien des cercles qui formeraient le rond, depuis un mètre du sol jusqu'à l'extrémité des pieux des deux rangées, en ayant soin de laisser une ouverture à la partie orientale et occidentale ; ces ouvertures qui serviront de portes d'entrée pour puiser l'eau à la fontaine ou bassin, ne devront pas avoir moins de cinq pieds de large, afin de ne point nuire au puisement de l'eau.

Dispositions des membrures des ceps dans les lignes sui-. vantes :

Les deux ceps devront être taillés à la hauteur de un mètre du sol, et on laissera deux nœuds, afin de préparer des membrures ; les membrures de chacun de ces deux ceps devront être établies de la manière suivante.

Les ceps étant taillés à un mètre du sol, comme il est expliqué ci-dessus, on tendra à cette hauteur une membrure sur les fils de fer dans toute sa longueur. On fera croître la seconde membrure le long du pieu jusqu'à l'extrémité ; on l'attachera et on la taillera.

L'année suivante, on tendra une membrure partant de ce dernier sur l'autre pieu ; cette membrure formera la partie supérieure de la porte d'entrée de la couronne de verdure.

Le second cep sera taillé et organisé comme le premier, c'est à dire à un mètre du sol; on disposera les membrures dans le genre du premier cep, seulement il ne faudra point tendre la membrure qui sera prise à la hauteur de un mètre du sol, dans le même centre du premier cep ; mais opposée pour se joindre, on la placera et la tendra de côté, de manière que les membrures des deux ceps puissent joindre les parties orientale et occidentale, afin de tracer le cordon qui formera la couronne ; la seconde membrure sera placée le long du pieu comme le premier cep, et l'on tendra une membrure à l'autre pieu pour former la partie supérieure de la seconde porte d'entrée de la couronne de verdure.

Alors les membrures de chaque cep tendues sur les fils de fer formeront des bourgeons qui pousseront et qui seront attachés aux fils de fer qui correspondent d'un pieu à l'autre, autour de la fontaine ou du bassin.

Quand les ceps auront atteint l'âge de six à sept ans, on pourra préparer la voûte de la couronne de verdure de la manière suivante.

On placera des cercles d'un pieu à l'autre pour former la voûte, puis on attachera avec des pointes les cercles d'un pieu à l'autre, on les placera de manière que l'extrémité de ces cercles ne dépasse point la hauteur de deux mètres 30 centimètres au-dessus du sol, pour qu'on ne soit point gêné à placer à la voûte les bourgeons qui suivront le centre des cercles, afin de former la couronne qui donnera l'ombrage à la fontaine ou bassin.

On placera aussi à ces cercles des fils de fer pour faciliter d'achever la voûte de la couronne ; ils devront être attachés aux cercles dans le même centre des autres qui suivront le centre des membrures, et de ceux placés jusqu'à l'extrémité des pieux pour y attacher les bourgeons à la voûte ; on laissera croître les bourgeons dans toute leur longueur, afin de pouvoir descendre assez de l'autre côté, pour garnir la voûte, et les deux côtés de la couronne de verdure.

Voilà, lecteur, le plan détaillé de la construction naturelle des couronnes ombragées de verdure.

Plan destiné à l'embellissement des allées d'arbres tondues et taillées avec soin.

L'auteur propose à MM. les propriétaires des châteaux, de la noblesse et de la bourgeoisie, un moyen d'augmenter la beauté de ces belles allées d'arbres tondues et taillées, en ajoutant à ces belles allées le plantage des galeries productives établies dans l'ordre suivant.

Les allées tondues et taillées avec soin, formant une partie des avenues de divers châteaux de la noblesse et de la bourgeoisie que ces avenues embellissent, l'auteur propose l'établissement des galeries productives.

Ces allées d'arbres taillées qui, de chaque côté, devant avoir au moins 15 à 20 mètres de terrain productif, ne devront pas être embarrassées d'arbres, cela pourrait nuire à l'établissement des galeries productives. Dans les terrains où croissent ces allées, on peut y planter des ceps de vignes. La galerie productive se prépare dans les conditions suivantes.

On plantera de chaque côté de ces allées tondues, une rangée de ceps en ligne droite, à 6 mètres de l'allée et à 2 mètres l'un de l'autre, de chaque côté, et d'un bout à l'autre et à la profondeur expliquée au chapitre du traité des vignes. On les taillera pendant 3 ans ; à la quatrième année, on laissera croître les bourgeons dans toute leur longueur, et l'on attachera ces bourgeons à des échalas assez longs pour les préserver d'être cassés par le vent. L'année suivante, on fera à chaque cep l'ouverture de la couche, de la profondeur de 60 centimètres, ensuite on couchera les ceps dans la couche et l'on choisira le sarment le plus long qu'on laissera sortir et l'on continuera ainsi l'année suivante, jusqu'à ce qu'ils arrivent à être placés entre les arbres taillés, tondus et alignés avec lesdits arbres. Après l'opération des couches faites qui opèrent l'alignement des ceps, les arbres étant tondus, l'allée productive se prépare.

Ensuite on plantera à chaque cep un pieu en dedans, afin de ne point toucher à la couche ; on attachera à ces pieux des fils de fer qui joindront le tronc de chaque arbre tondu ; les premiers fils de fer seront attachés aux pieux, ils seront à 65 centimètres au-dessus du sol, jusqu'à la hauteur des pieux, et ils correspondront avec le tronc ou la tige de chaque arbre de l'allée tondue.

On taillera les ceps à la hauteur de 2 pieds au-dessus du sol, en laissant deux nœuds, et l'on attachera aux pieux la courge de 2 pieds de hauteur où sont laissés deux nœuds par le taillage pour obtenir des membrures.

L'année suivante, les bourgeons qui ont poussé sur les nœuds laissés aux courges, l'on choisira les plus beaux bourgeons et on les tendra l'un à droite et l'autre à gauche, sur les fils de fer. Ces membrures serviront à organiser et à préparer les galeries productives.

Les bourgeons qui pousseront sur ces membrures seront attachés aux fils de fer, correspondant des deux côtés, d'un pieu à l'autre, se joignant par intervalle au tronc des arbres, de manière que l'allée productive s'entretienne d'un bout à l'autre des deux côtés.

Lorsque les ceps auront acquis assez de force, on aura soin de faire joindre le bout des membrures à tous les troncs d'arbres tondus, de manière à se joindre des deux côtés, en réservant, par le milieu de la longueur de la galerie productive, une ouverture pour faciliter au besoin l'entretien de ladite galerie.

On pourra, à un bout de l'allée, préparer une voûte

ayant 20 mètres de longueur au plus, pour jouir, dans la belle saison, de l'ombrage de cette voûte.

Pour préparer cette voûte, on laissera une courge à chaque cep que l'on fera croître sur le tronc de chaque arbre, compris dans la longueur de 20 mètres. On attachera ces courges sur le tronc, et on les fera croître jusqu'à l'extrémité de ces arbres tondus ; on attachera le tout et on les taillera en laissant un nœud en attendant la pousse des bourgeons de ces courges, ce qui aidera à préparer et à garnir la voûte ; on maintiendra des fils de fer à l'extrémité d'un arbre à l'autre et de 30 à 40 centimètres l'un de l'autre.

Ensuite on placera vis-à-vis de la membrure que l'on doit tendre de chaque courge un fil de fer plus bas de 30 centim., et l'on tendra sur ce fil de fer les membrures des ceps réservés pour préparer la voûte de la galerie productive.

Les bourgeons qui pousseront sur ces membrures seront attachés dans l'ordre suivant :

On attachera les bourgeons de ces courges ou membrures sur les fils de fer placés à droite et à gauche de chaque membrure. A mesure que ces bourgeons pousseront, étant assez longs, on les passera sur les fils de fer l'un sur l'autre, et la voûte se couvrira, et les bourgeons dans leurs pousses, s'entrelaceront avec la tête des arbres tondus, et la voûte de la galerie productive sera préparée.

Ces galeries productives, une fois bien comprises par les hommes amis des sciences, étonneront à l'avenir les propriétaires par la force des ceps, et par leurs produits garantis dans leur plantage, et par la distance des autres arbres ; les propriétaires éclairés de la noblesse et de la bourgeoisie sauront comprendre que ces galeries productives, une fois établies, la Providence fera le reste.

CHAPITRE VIII.

Continuation des sciences d'agrément ; plan d'embellissement à l'égard des lieux consacrés à la religion chrétienne ; abus de la piété envers les lieux saints.

Les lieux consacrés à la religion chrétienne sont négligés dans différents endroits. Les embellissements auxquels la piété devrait recommander tant de soin autour de toutes les églises de la nation, ces lieux où le recueillement le plus solennel doit y être observé, ces lieux saints qui nous saluent la naissance par le baptême, et nous font un éternel adieu par le dernier des sacrements, devrons-nous voir, nous, amis de la civilisation, des devoirs religieux et de la foi la plus sacrée, laisser souffrir l'impropreté autour de ces lieux saints ?

L'auteur propose à tous les membres du clergé, aidés des autorités, de prendre des mesures de salubrité, pour faire disparaître, à l'avenir, les impropretés qui règnent autour de plusieurs églises de la nation. Ces lieux consacrés à la religion chrétienne étant bien compris, méritent aussi bien la propreté, si bien observée dans les palais où siégent les représentants de la société française ; ces hommes illustres dans leurs missions représentent, par leurs mandats, les destinées de la société. Je prie Dieu qu'il pense à établir les dispositions suivantes, pour embellir les lieux consacrés à la religion chrétienne, et qu'il fasse détruire l'impropreté.

L'auteur propose à l'avenir qu'il soit expressément défendu toute impropreté à l'entour de toutes les églises, et pour parer à ces inconvénients de malpropreté, les autorités des villes et des villages devront convertir ces terrains en jardins plantés en vergers et arbres à fruits, selon la température, les contrées et les climats. Ces jardins devront être cultivés sous la direction des prêtres des grandes villes et des villages et devront être plantés dans les conditions suivantes.

Système du plan d'embellissements concernant les alentours des églises, dispositions à cet égard.

Dans les villes, les églises qui n'ont point de terrain disponible à établir des jardins, le clergé et les autorités devront, sous peine d'amende, faire défense qu'il n'y soit commis aucune impropreté autour des églises qui n'ont pas le terrain nécessaire à l'établissement des jardins. Les alentours des églises devront être garnis de jarre et de sable, et plantés d'arbres qui serviront d'allées et d'ombrage une fois qu'ils seront élevés ainsi que de promenades publiques, ce qui embellira les églises de la religion chrétienne.

Les églises des petites villes et villages sont pour la plupart favorisées du terrain nécessaire à l'embellissement de ces lieux sacrés. Il devra être établi dans les dispositions suivantes.

La partie des églises auxquelles les circonstances de leur position ne peut établir d'embellissement à cause du passage dû à la circulation publique, d'autres le voisinage des habitations qui avoisinent une partie des églises, de ce côté l'on ne peut établir que le système de salubrité.

Les églises qui n'ont point de terrain, principalement celles des grandes villes, en préparant des jardins, cela peut nuire à l'établissement des allées d'arbres, qui sont nécessaires comme promenade publique ; ainsi à cet égard on continuera à jarrer et à sabler les alentours avec soin, et on devra faire observer par les autorités la surveillance contre toute impropreté qui pourrait se commettre autour des églises des grandes villes. Le terrain qui se trouve près de ces églises doit être destiné au plantage des arbres servant d'allées pour les promenades publiques.

Les églises de second ordre et les villages favorisés pour la plupart de terrain propre au plantage des allées devant la façade de plusieurs églises, quand toutefois le terrain disponible à l'établissement de ces allées ne pourrait point nuire à la liberté des communes ; la partie du terrain de ces églises située à l'est et au midi qui sera disponible d'après l'assentiment des autorités locales et qui sera mise en jardin, sera une occasion d'entretenir la salubrité autour des églises ; construction des jardins ; dispositions à cet égard.

Plan d'embellissement des églises de second ordre et villages de la campagne.

On prendra dans les parties de l'est et du midi des églises, le terrain qui touche de ce côté, et l'on pourra, d'après l'assentiment des autorités locales, convertir en jardin qui sera planté dans les dispositions suivantes.

Prendre une largeur de 10 pieds, prise sur le mur de l'église; cette largeur de 10 pieds sera sablée avec soin, afin d'entretenir la salubrité à l'égard des églises.

Les parties de l'ouest et du nord pourront être garnies de jarre sur la largeur de 10 pieds, partant du mur, et sablées avec soin.

Les parties de l'est et du midi des églises, les allées occupant la largeur de 10 pieds, partant du mur, devront être sablées avec soin; on évitera dans celles-ci d'y répandre du jarre, élément contraire à la croissance et à la conservation des ceps de vignes en treille; le jarre pénétrant profondément en terre, et insensiblement avec le temps, par sa fraîcheur, détruirait les racines, et les ceps périraient au bout de quelques années.

Plantage des galeries de verdure qui feront place à l'impropreté assez commune autour de la plupart des églises; ces galeries de verdure occuperont les parties de l'est et du Midi; elles seront plantées dans les conditions suivantes.

On plantera des ceps de vignes le long du mur, à prendre depuis la partie de l'est et la partie du midi des églises, il faudra planter ces ceps à 10 pieds l'un de l'autre et à 60 centimètres de profondeur, comme il est expliqué aux chapitres du traité des vignes.

Il faudra planter une seconde rangée de ceps, et à 10 pieds du mur de l'Eglise, en prenant depuis la partie de l'est et toute celle du midi, et l'on plantera les ceps de cette seconde rangée, à la même distance l'un de l'autre comme la première plantée, le long du mur; mais on ne pourra planter les ceps de cette seconde rangée, en face de ceux qui seront le long du mur, il ne faudra les planter en équerre qu'avec ceux de la première rangée, afin d'éviter que les couches des ceps des deux rangées ne puissent se rencontrer, étant plantées en équerre, les deux rangées de ceps peuvent pousser librement, sans être gênées l'une par l'autre, et l'on taillera ces ceps tous les ans.

A la quatrième année, on laissera une courge à chaque cep de la hauteur de un mètre au-dessus du sol, on le taillera en y laissant deux nœuds,

Ensuite on plantera des pieux à la hauteur de deux mètres auprès de chaque cep des deux rangées, dont l'une le long du mur et l'autre à 10 pieds.

Après le placement des pieux, on y attachera des fils de fer de l'un à l'autre, dans les deux rangées: ces fils de fer devront être placés aux pieux à partir de la hauteur de un mètre au-dessus du sol jusqu'à l'extrémité.

Les bourgeons qui pousseront sur les deux nœuds laissés à la courge de chaque cep seront tendus sur des fils de fer, et l'année suivante on choisira deux beaux bourgeons à chaque cep, et on les tendra sur des fils de fer l'un à droite et l'autre à gauche, ce qui fera de nouvelles membrures, et la galerie de verdure commencera à se préparer.

Les bourgeons qui passeront sur ces membrures seront attachés aux fils de fer qui garniront la galerie de verdure.

Au milieu de ces allées, on laissera une ouverture pour correspondre avec les autres parties du jardin; si l'on veut ajouter une voûte, on choisira de beaux cercles assez longs que l'on attachera aux pieux avec des pointes. Aussitôt les cercles posés, on attachera des fils de fer à ces cercles, dans le même centre que ceux placés plus bas aux pieux; ces fils placés aux cercles sont pour former la voûte.

Les bourgeons qui pousseront seront attachés au fil de fer des cercles, et ou les attachera en dessous en suivant le centre des cercles, et la voûte de la galerie de verdure sera préparée.

Le terrain de la partie de l'est et du midi des églises pourrait être consacrée en jardin et entouré de murs de six à sept pieds de hauteur.

On établira une autre galerie voûtée le long des murs du jardin ayant la même largeur de celle plantée le long des murs de l'église. Cette nouvelle galerie sera plantée comme la première; les ceps seront à la même distance les uns des autres, la même profondeur; on les figurera en équerre comme la première ; les pieux plantés de même et les cercles également pour former la voûte ; le taillage sera réglé dans les mêmes dispositions ; les membrures seront formées et placées de même.

Cette nouvelle galerie s'embranchera avec celle plantée le long de l'église. On pourra en établir une troisième qui prendrait l'ouverture laissée au milieu de celle plantée. et cette galerie traverserait en ligne droite le jardin du nord au midi ; il faudra la planter, comme la première, le long de l'église et la laisser découverte, ou pour mieux dire, ne pas y placer de cercles pour la voûter, le plant de ces belles galeries de verdure, leur entretien conserveront la salubrité autour des églises, et ce sera une occasion pour le clergé de distribuer le produit de ces belles galeries aux pauvres de leurs églises.

Dans les parties ouest et nord des églises, s'il y a du terrain nécessaire à pouvoir planter des allées, on aura soin de mettre des arbres tirés au cordeau et qui formeront principalement les avenues de la porte d'entrée des églises, et le clergé avec les autorités locales, exécuteront les bases de salubrité et d'embellissement des églises, et accompliront les devoirs du respect le plus sincère envers la charité divine.

Quelques personnes pourront trouver étrange comment l'auteur s'occupe de ce qui concerne la salubrité et l'embellissement des églises. Précisément celles-là sont assurément une partie de ces gens qui n'entrent dans les églises que par intérêt ; ils feraient mieux de réfléchir aux devoirs imposés par la conscience, le témoin éclairé de nos actions devant Dieu et par les lois de la civilisation devant les institutions sociales.

Ce plan de salubrité et d'embellissement des églises de France n'est pas difficile à exécuter. La propreté autour des lieux consacrés à la religion chrétienne, sera un hommage rendu aux principes des devoirs religieux, à la foi la plus sacrée, et à l'accomplissement des devoirs d'une charité aussi pure que l'influence du ciel, base des décrets de la Providence divine.

CHAPITRE IX.

L'auteur continuant les sciences d'agrément, propose le plant d'embellissement des charmilles pour les divers jardins de la noblesse, de la bourgeoisie et des riches campagnards.

Ces charmilles admirablement taillées sont sans aucun rapport avec l'embellissement que je propose à ces charmilles, qui est le plantage d'une ceinture productive établie dans les dispositions suivantes.

Plant de la ceinture productive, plantage des ceps de vignes, leur distance de la charmille, la distance des ceps de l'un à l'autre.

On plantera à cinq mètres de la charmille et tout autour une rangée de ceps de vignes, à trois mètres l'un de l'autre, jusqu'en face ; des deux côtés de l'entrée de la charmille, on laissera croître ces ceps et on les taillera pendant trois ans.

À la quatrième année, on laissera croître les bourgeons dans toute leur longueur, en ayant soin d'attacher les bourgeons à des échalas afin qu'ils ne soient pas cassés par le vent; l'année suivante on fera l'ouverture d'une couche à chaque cep, de la profondeur expliquée aux articles 5 et 6 du chapitre du traité des vignes; on choisira les plus beaux sarments ou bourgeons, qu'on laissera à chaque cep, et ensuite on les mettra dans la couche avec le cep ; l'on renversera la terre par dessus et on la foulera aux pieds, en laissant sortir le bout du sarment à chaque couche faite à tous les ceps, ensuite on recommencera l'année suivante, jusqu'à ce que les ceps soient arrivés au cordon de la charmille.

On aura soin, en face l'entrée de la charmille, de faire arriver par les couches un cep au pied de chaque côté de l'entrée de la charmille ; on taillera les ceps, et les bourgeons qui pousseront seront attachés aux boutures de la charmille, et l'année suivante on les taillera à la hauteur de un mètre au-dessus du sol en laissant deux nœuds ; on attachera les membrures de chaque cep, ayant soin de les

attacher de manière à recevoir l'influence de la bienfaisante lumière du soleil.

Quant aux deux ceps placés de chaque côté de l'entrée
de la charmille, on laissera croître le premier bourgeon
dans toute sa longueur pour pouvoir, avec le temps, arriver à garnir la voûte ; le second, on le laissera croître à
la hauteur de six pieds, afin d'avoir une membrure pour
former la partie supérieure de l'entrée de la charmille, et
l'on attachera bien ce sarment aux boutures.

Dans la partie orientale et la partie occidentale, on
aura soin de laisser croître un cep de chaque côté, et on
laissera pousser le bourgeon dans toute sa longueur, afin
d'arriver de chaque côté, et avec le temps, à former la
voûte de la charmille.

Sur les autres ceps, les bourgeons qui pousseront sur
les deux nœuds, seront tendus sensiblement et on les attachera aux boutures, à droite et à gauche, sur la charmille.

L'année suivante, les bourgeons qui pousseront sur les
deux nœuds laissés à la courge de chaque cep, ayant un
mètre de hauteur, on choisira les plus beaux qui ont
poussé sur ces deux nœuds, et l'on tendra à chaque cep
une membrure, une à droite et l'autre à gauche, et l'on
attachera ces membrures aux boutures de la charmille et
on les fera joindre d'un cep à l'autre afin de former la
ceinture productive ; les bourgeons qui pousseront seront
taillés tous les ans avec soin et seront attachés aux boutures.

Les deux ceps laissés, l'un dans le côté oriental et l'autre dans le côté occidental, on fera passer la membrure
de ces deux ceps jusqu'à la hauteur de la voûte ; si le
sarment est assez long, on fera passer les membrures des
deux ceps en dessous des premiers rameaux de la voûte,
c'est-à-dire à 30 centimètres en-dessous de l'extrémité des
premiers rameaux, et l'on joindra ces deux membrures et
on les attachera ensemble, et sur ces deux membrures
jointes ensemble, l'on en laissera croître quatre autres,
deux de chaque côté, que l'on attachera aux boutures,
pour aider à garnir la voûte.

Les deux ceps qui seront placés à l'entrée de la charmille, le sarment de l'un arrivé à la hauteur de six pieds, on choisira à cette hauteur le plus beau bourgeon et on le tendra au-dessus de l'entrée, qui formera une membrure, et les bourgeons qui en pousseront seront attachés aux boutures, et la figure de l'entrée de la charmille sera préparée ; le second cep que l'on a laissé croître dans toute sa longueur, on le tendra de la même manière que les deux autres placés dans la partie orientale et celle occidentale, et l'on fera aussi passer la membrure en-dessous des premiers rameaux de la voûte, et l'on fera joindre cette dernière membrure directement au milieu des deux premières et on les attachera ensemble, puis l'on tendra à cette dernière membrure deux autres, une de chaque côté, pour achever de garnir la voûte de la ceinture productive, et les bourgeons qui pousseront seront attachés aux boutures et au-dessus des raisins, pour ne point nuire à la croissance naturelle des bourgeons en s'appuyant sur l'extrémité des rameaux de la voûte qui la garniront naturellement, et la ceinture productive sera préparée. Voilà, lecteur ami des sciences d'agrément, le plant d'embellissement des charmilles.

Ce plant d'embellissement de la ceinture productive sera compris par les hommes éclairés et laborieux ; ils sauront en comprendre l'exécution, et l'on doit les encourager à perfectionner ces embellissements de la ceinture productive ; au lieu de passer leur temps sans obtenir de produit, par le nouveau procédé et l'établissement de ce plant embellissant les charmilles, cela dédommagera les jardiniers et les vignerons des maisons de plaisance de la noblesse, de la bourgeoisie et des riches campagnards, par le produit des ceintures des charmilles, et cela donnera en même temps un beau coup-d'œil qui sera embelli par l'influence des lois naturelles de la végétation.

Tel est le plant d'embellissement des charmilles et qui n'est point difficile à exécuter.

CHAPITRE X.

Suite des sciences d'agrément. Cette partie s'applique à l'embellissement des enclos et jardins des riches campagnards.

L'auteur étant de la campagne se fait un plaisir de proposer un plant d'embellissement des enclos et jardins, 1° par l'établissement des galeries de verdure, 2° par des galeries voûtées adossées aux murs des jardins, 3° par des galeries grimpantes, 4° par des cabinets et parapluies de verdure.

L'auteur, comme campagnard, se fait un plaisir de donner à ses amis d'enfance, dans cette classe où il compte de braves et dévoués amis, ainsi qu'aux hommes honnêtes et éclairés des autres régions de la société, une nouvelle méthode à suivre pour l'embellissement des enclos et jardins des riches campagnards.

J'ai examiné plusieurs enclos et jardins dans les campagnes, j'ai vu des allées d'arbres à fruits taillées, des allées en treillage, mais elles n'étaient pas plantées dans le système démontré plus loin. Ces allées d'arbres et ces treillages ne sont pas plantés dans les conditions naturelles à la végétation dans ces contrées diverses qui sont favorables à la culture des arbres à fruits et des ceps en treillage plantés en allée. Ce nouveau genre d'embellissement fait aux enclos et jardins des campagnes, ne sera pas difficile à comprendre et je le garantis d'un puissant produit. Ce plant des sciences d'agrément, je le démontre pour mes amis les campagnards, en plusieurs articles, dans les dispositions suivantes.

Voici comment on établit les galeries de verdure dans les enclos et jardins. Les propriétaires des riches habitations de la campagne qui désirent embellir leurs enclos et jardins par l'établissement et la variation des galeries de verdure propres aux campagnes, est d'un puissant produit ; l'entretien de ces belles galeries n'exigera que peu de soin ; le système du taillage de ces végétaux qui composeront ces galeries, sous le rapport de l'entretien, n'exigera également que peu de façons, celle donnée aux terrains de chaque côté de ces allées, sera plus utile aux végétaux composant ces belles galeries diverses, établies dans les dispositions suivantes.

Le terrain composant les riches habitations de la campagne est propre au plantage des galeries de verdure, principalement les climats favorables à la végétation et par la preuve certaine de la maturité des raisins.

Le plantage de ces galeries sera varié ; les végétaux nécessaires pour les campagnes sont les ceps de vignes, pêchers, abricotiers plantés dans l'ordre ci-après.

La position des enclos formant et contenant ordinairement dans les campagnes le terrain attenant aux habitations pour le plantage de ces galeries de verdure, on choisira le terrain à partir des habitations donnant toujours dans la partie Orientale, Méridionale et Occidentale de ces habitations, afin que ces galeries puissent recevoir l'influence de la bienfaisante lumière du soleil.

Les habitations des riches campagnards qui ont des enclos entourés de murs et de haies vives, ainsi que d'autres qui ne le sont pas, ces enclos et jardins peuvent être embellis par la variété des galeries démontrée par le système ci-après.

Les alentours des habitations doivent, à partir du mur, avoir au moins une largeur de 1 mèt. 50 centim. pour entretenir les treilles qui y sont plantées. Quant aux galeries variées qui doivent embellir les enclos et jardins des campagnards, on choisira de préférence les parties du terrain donnant face aux directions Orientale, Méridionale et Occidentale des habitations. Ces galeries variées seront établies dans l'ordre suivant.

Le plantage de la galerie de verdure sera fait à deux mètres du mur de l'habitation ; on tirera une ligne droite au moyen d'un cordeau, on formera une allée de deux mètres de largeur traversant l'enclos, et l'on plantera sur les deux rives de cette allée des pêchers et abricotiers d'un bout à l'autre, et à 4 mètres de distance, on les plantera à la profondeur de 50 à 60 centimèt., et on ne les taillera qu'à la troisième année, afin de préparer la galerie de verdure, en attendant le plantage des ceps dans l'ordre suivant.

Il faut planter deux rangées de ceps, une de chaque côté de l'allée et à 3 mètres de ladite allée et les placer de
manière à pouvoir arriver par les couches à venir figurer
entre les pêchers et abricotiers ; la distance du plantage
des ceps, est pour les préserver des racines des fruitiers,
et afin qu'ils ne soient point altérés dans leur croissance
naturelle, par les pêchers et abricotiers, et ces derniers
fruitiers, leur croissance naturelle ne sera pas non plus altérée par les racines des ceps ; on les taillera pendant trois
ans, et à la quatrième année on laissera croître les bourgeons dans toute sa longueur.

L'année suivante on fera l'ouverture d'une couche à chaque cep, on choisira le plus beau bourgeon et on le couchera dans la couche, en laissant sortir ce bourgeon hors
de terre et un seul à chaque cep. Si cette opération ne suffit pas, on recommencera l'année suivante, en ayant soin
de faire les couches de la profondeur du plantage de 50 à
60 centimètres, jusqu'à ce qu'il soit arrivé à figurer entre
les fruitiers de l'allée, afin de préparer la galerie de verdure des campagnes, organisée par le taillage suivant.

Quand les ceps seront arrivés entre les fruitiers, on placera un pieu à chaque cep de la longueur de six pieds, et
l'on attachera des fils de fer d'un pieu à l'autre. Ces pieux
sont destinés à recevoir tendues sur les fils de fer, les
membrures des végétaux composant la galerie de verdure.
Une fois la saison arrivée on taillera les ceps de vignes,
on leur laissera une courge à chacun et de la longueur de
60 centimètres, en laissant deux nœuds pour obtenir des
membrures à droite et à gauche des ceps.

Taillage des pêchers et abricotiers. Il faut les tailler à la
4e année, à la hauteur de 1 mètre du sol ; les branches
existant à cette hauteur, on les conservera afin d'obtenir
une membrure que l'on tendra l'une à droite et l'autre à
gauche de chaque fruitier ; les branches qui pousseront
en dehors de l'allée ne seront point taillées ; on les laissera croître naturellement maintenant. Revenons à l'organisation des ceps de vignes.

Les bourgeons qui pousseront sur les courges laissées à
chaque cep, on les attachera sensiblement à droite et à
gauche sur les fils de fer, et l'année suivante on en choi-

sira deux beaux bourgeons à chaque cep, et on les tendra également des deux côtés sur les fils de fer. les bourgeons qui pousseront seront aussi attachés à ces fils de fer d'un pieu à l'autre.

A mesure que les ceps prendront de la force, on aura soin de les faire croître de manière à joindre les tiges de chaque pêcher et abricotier, et de faire joindre les membrures des ceps de l'un à l'autre, d'un bout à l'autre de la galerie de verdure.

Ensuite on préparera les membrures des fruitiers, et on tendra les membrures des pêchers et abricotiers, l'une à droite et l'autre à gauche, que l'on attachera sur les fils de fer. Les branches qui pousseront sur ces membrures seront aussi attachées aux fils de fer, afin de garnir la galerie de verdure des gens de la campagne.

Les branches qui pousseront en dehors, on les laissera croître par leur influence naturelle ; il ne faudra pas laisser croître des branches en dedans de l'allée, cela nuirait à son embellissement.

Si les branches qui pousseront en dehors de l'allée venaient à altérer les membrures placées sur les fils de fer. on serait obligé de les supprimer, et de les remplacer par l'établissement de nouvelles membrures que l'on fera croître les unes sur les autres. et on les tendra au-dessus à droite et à gauche sur les fils de fer. ce qui favorisera à établir la galerie de verdure, et les branches de ces nouvelles membrures seront également attachées aux fils de fer.

Les propriétaires qui désiraient avoir une voûte à ces galeries, pourront le faire dans le système expliqué aux chapitres des galeries productives concernant l'embellissement des jardins de la noblesse et de la bourgeoisie ; mais pour la plupart des campagnards, les galeries voûtées leur coûteraient plus de soin et d'entretien, elles ne pourraient être perfectionnées que par les riches propriétaires éclairés et amis des sciences végétales ; les campagnards pauvres ne peuvent perfectionner ces embellissements qui leur seraient bien utiles sous le rapport du produit, en comparaison du peu de terrain que ces belles galeries occuperont.

On pourra encore ajouter à ces galeries une plantation de groseillers pour garnir le vide entre les ceps, les pêchers et abricotiers de la galerie. Ces groseillers augmenteront encore le produit de ces galeries.

Au centre de ces galeries, on aura soin de réserver des ouvertures nécessaires pour le taillage des ceps, pêchers, abricotiers et groseillers, composant la galerie des campagnards. Celui qui est intelligent et éclairé dans les sciences saura perfectionner l'embellissement de son enclos par le plantage; l'entretien de ces galeries de verdure étant bien conditionné d'après les bases du plant expliqué dans ce chapitre, elles offriront un beau coup-d'œil par l'ensemble et la régularité du taillage et par le classement des membrures des ceps de vignes, pêchers et abricotiers, tendus sur les fils de fer ; à défaut de fils de fer l'on mettra des perches bien droites, et par l'abondance de leurs produits, le procédé sera garanti dans les dispositions du plantage. Voilà, ami lecteur, le premier plant des galeries de verdure de la campagne.

CHAPITRE XI.

Deuxième partie du plant d'embellissement des campagnards. Les riches propriétaires de la campagne possédant des enclos et jardins, entourés de murs, pourront établir un second plant d'embellissement planté dans les dispositions suivantes.

Les végétaux nécessaires pour composer le deuxième plant d'embellissement, sont les ceps de vignes et les cerisiers plantés dans l'ordre suivant.

Ce plant d'embellissement devra être exécuté dans les mêmes dispositions que les galeries de verdure voûtées dont il est expliqué au chapitre VIII, concernant le détail et plant d'embellissement des lieux consacrés à la religion chrétienne.

Les cerisiers ajoutés à ces nouvelles galeries de verdure voûtées seront plantés le long des murs, et à dix mètres l'un de l'autre, afin de ne point nuire à la croissance des ceps de vignes.

Les ceps seront plantés à la même distance l'un de l'autre et à la même profondeur que ceux plantés le long du mur ainsi que ceux plantés de l'autre rangée, faisant face à celle qui est le long des murs du jardin, tel qu'il est expliqué au chapitre des embellissements des églises; on les taillera dans les mêmes dispositions.

Les cerisiers également ajoutés, seront disposés à figurer dans ces nouvelles galeries voûtées et réglées par un taillage régulier, et on les laissera arriver à la hauteur des murs des enclos et jardins, pour être réglés par le taillage qui sera opéré de manière à disposer des branches, une à droite et l'autre à gauche et qui serviront de membrures pour aider à préparer la galerie voûtée.

L'année suivante, quand les branches auront poussé et seront capables de disposer des membrures, l'on en tendra l'une à droite et l'autre à gauche, et on les tendra à 30 centimètres plus bas que l'extrémité des murs.

On aura soin de laisser croître ces membrures de manière à joindre l'une et l'autre membrure des autres cerisiers, pour préparer une des plus belles galeries de verdure voûtées disposées dans l'ordre qui suit.

Conditions et classement des membrures des cerisiers pour aider à former par leurs cordons la galerie de verdure voûtée et facile à établir.

Établissement des cordons pour préparer la voûte naturelle de verdure; ces cordons sont les branches qui pousseront sur les membrures des cerisiers réglés par le taillage.

On aura soin avant de tendre les membrures des ceps de vignes et cerisiers, de planter des pieux à la distance l'un de l'autre, comme il est expliqué au chapitre des embellissements des alentours des lieux consacrés à la religion chrétienne et de placer à ces pieux des fils de fer ou de petites perches bien droites, pour recevoir les membrures placées dans l'ordre suivant.

Les ceps de vignes seront taillés et tendus sur les fils de fer dans le même système établi au chapitre des lieux consacrés à la religion chrétienne; on y placera des cercles pour préparer la voûte naturelle de verdure.

En attendant que les lois naturelles aient donné assez de force aux membrures des cerisiers établis de la manière

suivante, on tendra à chaque cerisier les membrures réglées
par le taillage, à la hauteur nécessaire à pouvoir les tendre
à 30 centimètres plus bas que l'extrémité du mur, et avoir
soin en les taillant de laisser des branches pour servir de
membrures.

Ensuite on tendra à chaque cerisier une membrure à
droite et une à gauche que l'on mettra sur les fils de fer,
en attendant qu'ils joignent les pieux, pour les y attacher
après, parce que, dans la suite, les fils de fer seraient trop
faibles pour soutenir les membrures, et on les laissera
croître de manière à joindre les membrures d'un cerisier
à l'autre.

On enfoncera un gros clou à chaque pieu pour appuyer
dessus les membrures de chaque cerisier, et on laissera
croître des branches sur ces premières membrures, en
ayant soin que ces branches soient au moins à deux
mètres l'une de l'autre, et réglées par le taillage de manière que ces branches se trouvent placées près des pieux,
ensuite on attachera des cercles avec des pointes aux pieux
d'une rangée à l'autre pour former la voûte et garnir de
fils de fer ou de petites perches jusqu'à l'extrémité des
cercles.

Les branches poussant sur les principales membrures,
on les fera passer sous les cercles, et comme le centre,
jusqu'à la pointe des pieux de l'autre rangée, et on les
attachera aux cercles, et le bout de ces nouvelles
membrures à la pointe des pieux. A toutes les boutures de ces nouvelles membrures on laissera croître des
branches que l'on tendra à droite et à gauche, et on ne
les taillera pas ; on ne laissera point pousser de branches
sur les cordons ou membrures attachés aux cercles, et à
l'avenir les lois de la nature aideront à former la voûte
naturelle de la galerie de verdure.

Les branches qui pousseront sur celles qui forment les
cordons ou membrures attachés aux cercles, seront coupées tous les ans ; on aura soin de celles qui pousseront
dans le bout des cordons attachées aux cercles et à la pointe des pieux de la rangée faisant face au mur. On tendra
ces branches qui pousseront à la pointe des pieux qui seront tendus sur les fils de fer à droite et à gauche. Ces
dernières branches orneront la galerie de leurs beaux fruits.

Les ceps plantés dans les mêmes conditions que ceux détaillés au chapitre VIII. Plant d'embellissement des lieux consacrés à la religion chrétienne ; les ceps taillés dans le même système, les membrures placées de la même manière, tendues sur des fils de fer, ou à défaut de fils, de petites perches bien droites ; les bourgeons attachés aux fils de fer. Les ceps de vignes étant bien plantés sur les bases du plant détaillé au chapitre VIII, et avec le plantage des cerisiers ajoutés à l'embellissement dans le présent chapitre et conditionné et taillé tel qu'il est expliqué, nous fournira le plus beau coup-d'œil, et la Providence par ses lois naturelles accomplira le reste.

CHAPITRE XII.

Suite des sciences d'agrément, troisième plant d'embellissement des enclos des riches campagnards ; ce plant d'embellissement concerne les galeries grimpantes.

J'ai examiné plusieurs enclos de différents propriétaires de la campagne ; j'ai remarqué quelques échantillons qui vont fournir ici le plant et la préparation des galeries grimpantes ; par les réflexions puisées sur des ceps grimpés le long des arbres à fruits dont le détail suit.

Dans les enclos et jardins, les arbres plantés par rangée peuvent être augmentés par l'embellissement des galeries grimpantes ; les échantillons que j'ai découverts dans certains endroits sont des ceps abandonnés à leur influence naturelle, et ces ceps sont placés près des arbres à fruits dans des terrains où la vigne était plantée, et ces ceps, dans la pousse de leurs bourgeons, ont atteint les branches de ces arbres et y croissent naturellement, mais comme n'étant pas plantés dans les conditions nécessaires à leur croissance naturelle, cela nuit à la production des raisins et à leur maturité ; il faut planter ces galeries grimpantes dans les conditions suivantes.

Plant des galeries grimpantes, arbres à fruits propres à aider la préparation de ces galeries et de leurs embellissements,

Dans les enclos et jardins , il faut planter des arbres

à fruits, tels que pommiers, poiriers propres à favoriser les galeries grimpantes ; ces arbres doivent être plantés au moins à la distance l'un de l'autre de cinq à six mètres, et on les fera croître à la hauteur au-dessus du sol, au moins de trois mètres ; les branches qui pousseront au-dessous de cette hauteur seront coupées pour favoriser ces galeries ; les allées d'arbres doivent être plantées du nord au midi afin d'aider et de faciliter la croissance des ceps à recevoir l'influence de la lumière, et favoriser les lois naturelles de la végétation.

Plantage des ceps, leurs dispositions pour orner les galeries grimpantes.

A la distance de six mètres de chaque côté des deux rangées de fruitiers formant les allées destinées à la formation des galeries grimpantes, on plantera une rangée de ceps et en face de chaque fruitier, afin de pouvoir, par les couches, les faire arriver au pied de chaque fruitier ; on les laissera croître pendant trois ans.

A la troisième année, on choisira le plus beau sarment de chaque cep dans toute sa longueur, et on fera l'ouverture des couches à chaque cep, et on couchera le cep avec le sarment dans la couche, en laissant hors de terre deux nœuds, et recouvrir la couche. Si la première année ne suffit pas, on recommencera l'opération jusqu'à ce que les ceps arrivent par les couches au pied de chaque fruitier, et l'on coupera les racines qui pourraient nuire aux couches, et l'année suivante on choisira le plus beau sarment de chaque cep, que l'on fera croître le long de la tige de chaque fruitier.

Conditions de croissance dans lequel les arbres doivent être taillés pour favoriser les galeries grimpantes.

Ces arbres seront taillés tous dans le côté, en dehors de l'allée, c'est-à-dire que l'on coupera les branches comme on les coupe à ceux qui nuisent à l'air, le long des chemins de communication, et des terrains auxquels le voisin recommande l'extraction des branches qui penchent et nuisent à l'air de ses champs ; les arbres taillés dans ces conditions, fourniront des boutures pour aider à former et à développer ces allées grimpantes.

Les ceps arrivés au pied de chaque fruitier, on les disposera dans les conditions suivantes, par le taillage, le placement des courges pour former les galeries grimpantes.

On fera croître les ceps, le long de chaque fruitier, jusqu'à la hauteur de trois mètres ; à cette hauteur, on attachera au tronc de chaque fruitier les courges de chaque cep, ensuite on les taillera de manière à laisser à cette hauteur de trois mètres, trois nœuds à la courge de chaque cep, afin d'obtenir des membrures pour aider à former les galeries grimpantes, et lorsque les bourgeons pousseront sur les trois nœuds laissés à la courge des ceps, on les attachera le long des branches ayant des boutures, pour les faire arriver au bout de ces boutures.

L'année suivante, on choisira trois beaux bourgeons à chaque cep dans toute leur longueur, et on les tendra de cette manière, une membrure à droite, une à gauche et la troisième au milieu. Ces membrures en les tendant, il ne faudra point les ployer ; on les tendra droites et écartées l'une de l'autre à pouvoir garnir tout le côté de l'arbre, et l'on attachera ces membrures aux boutures ; les bourgeons de ces membrures seront attachés d'une bouture à l'autre ; l'année suivante on laissera si l'on veut, au milieu de la longueur des trois membrures, deux bourgeons à chaque qui formeront de nouvelles membrures, et on les tendra à droite et à gauche sur les branches et aux boutures.

Les bourgeons qui pousseront sur toutes les membrures placées comme il est expliqué dans ce chapitre, seront attachés aux branches et aux boutures des fruitiers. On aura soin, tous les deux ou trois ans, de couper les branches qui pousseront dans le bout des boutures, car elles pourraient nuire à l'entretien de ces belles galeries grimpantes, ou de gêner le placement des échelles pour aider à préparer les galeries grimpantes.

Ces galeries grimpantes établies dans les conditions ci-dessus, seront taillées tous les ans, et pour favoriser leurs produits, on les entretiendra dans le système du plant détaillé ; à l'avenir, ces galeries occuperont peu de terrain, et donneront de bons produits qui seront garantis par la distance des ceps dans leur plantage ; leur croissance naturelle ne sera point altérée par les racines des fruitiers, et ces galeries conditionnées sur les bases du système établi dans ce chapitre, pourront bien valoir le produit des ceps abandonnés, dont l'explication est démontrée dans la première page du chapitre.

Les propriétaires qui n'ont pas de terrain suffisant pour planter beaucoup de vignes, avec le système des galeries grimpantes, ils pourront récolter beaucoup de raisins, et et dans le même terrain, le même emplacement, on y trouvera de quoi récolter des raisins pour faire du vin, et des pommes pour faire du cidre, et ces belles galeries grimpantes, une fois bien perfectionnées, la Providence bénira les efforts de la science des riches propriétaires sasages et laborieux des campagnes.

CHAPITRE XIII.

Suite des sciences d'agrément ; établissement des cabinets naturels de verdure.

Les cabinets naturels de verdure sont l'une des sciences d'agrément des plus difficiles à établir, pour orner les jardins de la noblesse, de la bourgeoise et des riches campagnards.

Ces cabinets naturels doivent être plantés et placés en face, et à l'extrémité des allées, dans les conditions expliquées au chapitre IV, ils devront faire face aux habitations, et être adossés aux murs des jardins ; le plantage et la formation de ces cabinets formeront l'extrémité des allées ainsi que je l'ai expliqué au chapitre IV des galeries de verdure.

Ces cabinets seront composés pour les établir, par le plantage de ceps de vignes et de poiriers organisés dans les dispositions suivantes.

Les cabinets naturels étant plantés à l'extrémité des allées, établies comme il est expliqué et développé au chapitre IV prenant sur la façade des châteaux de la noblesse et de la bourgeoisie, pourront servir d'ombrage pendant la belle saison ; il faudra les planter dans le système qui suit ; la longueur et la largeur seront conditionnées d'après le désir des propriétaires, dont voici, lecteur, le plant de ces cabinets naturels.

La largeur de ces cabinets ne pourra être moindre de trois mètres, sur la partie de la porte d'entrée et autant le long du mur, et la longueur de quatre mètres des deux côtés.

On plantera six pieux, c'est-à-dire trois de cheque côté, 1° deux le long du mur, à 3 mètres l'un de l'autre, 2° deux à deux mètres du mur de chaque côté, et 3° deux autres pour faire la façade de la porte d'entrée du cabinet, à 3 mètres l'un de l'autre. Pour faire la façade d'entrée, on plantera à un mètre l'un de l'autre, deux poiriers qui serviront à former la porte d'entrée, et on les laissera croître à la hauteur de 1, mètre 60 centimetres du sol, puis on en plantera deux autres le long du mur au pied de chaque pieu ; on ne laissera pas de branches à cette hauteur de 1 mètre 60 c. à ces deux poiriers plantés sur la façade d'entrée. A cette hauteur, on les taillera pour obtenir des cordons que l'on tendra à droite et à gauche pour former la porte d'entrée, et un autre cordon qu'on laissera croître au milieu pour aider à former la voûte.

Ensuite, on plantera six ceps de vignes, trois de chaque côté, et à trois mètres des pieux, et on les taillera pendant deux ans ; à la troisième année on laissera croître les bourgeons dans toute leur longueur ; l'année suivante on choisira le plus beau de chaque cep, et on fera l'ouverture des couches à chacune de la profondeur expliquée aux chapitres II et III du traité des vignes détaillé par les articles 5 et 6 desdits chapitres, et on couchera le cep et le sarment dans la couche, en laissant sortir le bout et l'on recouvrera la couche. Si cette opération ne suffit pas, on recommencera l'année suivante jusqu'à ce qu'ils arriven au pied des pieux, et l'on attachera le bout des sarments à ces pieux.

Manière de préparer le cabinet naturel de verdure ; taillage des ceps de vignes et poiriers.

1° Les deux ceps, placés à chaque pieu le long du mur, seront taillés à la hauteur de 30 à 35 centimètres au-dessus du sol, en laissant un nœud pour obtenir une membrure afin de la tendre de manière à joindre les deux pieux de la façade du cabinet.

2° Les deux ceps, placés à chaque pieu sur la façade
du cabinet, seront taillés à la hauteur de un mètre du sol,
en laissant un nœud pour obtenir une membrure que l'on
tendra pour joindre les deux pieux placés le long du
mur.

3° Les deux ceps placés aux deux pieux du milieu de
chaque côté du cabinet, seront taillés à la hauteur de 2
mètres du sol, en laissant deux nœuds pour obtenir des
membrures que l'on tendra à droite et à gauche, afin de
former avec les membrures des poiriers la voûte du cabinet naturel.

4° Les deux poiriers plantés sur la façade du cabinet,
seront taillés à la hauteur de 1 mètre 70 centimètres, en
laissant deux membrures à chacun des deux que l'on tendra à droite et à gauche pour former la porte d'entrée du
cabinet naturel. On laissera croître une autre membrure
prise au milieu sur l'un des fruitiers de la porte d'entrée,
et on le fera passer en dessous des cercles, à l'extrémité,
jusqu'au mur, pour commencer la voûte.

5° Les deux poiriers placés aux deux pieux le long du
mur seront taillés à la hauteur des pieux en leur laissant
chacune deux membrures, une que l'on tendra le long du
mur, et l'autre membrure sera tendue aux cercles en dessous et en dessus des pieux, à 30 centimètres des deux cô-
tes, en venant sur la porte d'entrée, pour aider à former
la voûte, et les cercles seront placés de la manière suivante.

6° Les cercles seront choisis de la longueur nécessaire
au nombre de trois et seront attachés d'un pieu à l'autre,
puis l'on placera des fils de fer depuis 35 centimètres au-
dessus du sol, jusqu'à l'extrémité des pieux, et sur les cercles pour faire la voûte.

Les bourgeons qui pousseront sur les membrures laissées
à chaque cep, seront attachés aux fils de fer, pour aider
à former le cabinet ; les bourgeons des membrures placées
à l'extrémité des pieux, seront attachés en-dessous des cercles pour former la voûte.

Les membrures des fruitiers seront taillées tous les ans
en ayant soin de laisser croître six autres membrures prises sur les deux cordons de chaque côté tendus à 30 cen-
-timètres au-dessus des pieux, et on les fera croître com-

rue le centre des cercles, en les attachant à celui placé à l'extrémité de la voûte, prenant à la porte d'entrée en venant au mur, afin qu'à l'avenir leurs constructions naturelles puissent toujours faciliter l'entretien de ces cabinets de verdure.

CHAPITRE XIV.

Suite des sciences d'agrément ; dernier chapitre touchant l'embellissement des jardins ; système du plant des parapluies naturels de verdure.

Les parapluies naturels de verdure sont moins difficiles à établir que les cabinets naturels expliqués au chapitre précédent, et leurs constructions pourront aussi servir d'ombrage pendant la belle saison, et d'embellissements des jardins des riches propriétaires ; leurs constructions exigent peu de frais pour l'établir.

La construction des parapluies de verdure sera composée avec des poteaux, fruitiers et ceps de vignes. Ces parapluies doivent, pour l'agrément, être construits et plantés près et en face des habitations, et dans les jardins de la noblesse, la bourgeoisie et les riches campagnards, et aussi en face des pavillons de plaisance.

Conditions, plantage du poteau et ceps de vignes, pour l'établissement de ces parapluies naturels de verdure.

On choisira de préférence les endroits qui sont situés près des habitations et des pavillons de plaisance, dans les jardins et dans la partie du midi de ces habitations. Pour la construction de ces parapluies, il faudra les planter dans le système suivant :

Les poteaux nécessaires pour établir ces parapluies doivent avoir au moins 3 mètres 16 centimètres de longueur et 3 à 4 pouces d'équarrissage, ronds par l'extrémité, pour favoriser la construction du parapluie de verdure et s'il existe des treillages à portée de l'endroit favorable à leur organisation ; s'il n'en existe pas, il sera planté dans l'ordre suivant :

On choisira, pour organiser le parapluie naturel, un endroit près des habitations et dans la partie de l'est et du midi , où les autres arbres ne puissent nuire à l'établissement et au plantage de ces parapluies.

On plantera le poteau à l'endroit désigné , et s'il existe des treillages à portée du poteau , on fera l'ouverture d'une couche et l'on taillera le cep désigné à cet effet ; on choisira le plus beau sarment et on le courbera dans la couche et on le recouvrira, en laissant sortir de terre le bout du sarment pour l'attacher au poteau. Si la première année ne suffit pas, on recommencera l'année suivante, jusqu'à ce qu'il arrive au pied du poteau ; il faudra attacher le bout du sarment, et on le taillera en lui laissant deux nœuds ; les bourgeons qui pousseront seront attachés au poteau, et s'il n'existait point de treillage à portée du poteau, on planterait un cep au pied.

L'année suivante , on préparera le parapluie naturel pour recevoir les membrures du cep pour aider à le former, manière de le construire.

A la hauteur de 1 mètre 70 centimètres , on percera un trou avec un terrier traversant le poteau , pour y placer un morceau de fer rond ou de bois de la longueur de deux mètres, et on le scellera solidement.

Ensuite on choisira un cercle de longueur et de force nécessaire pour l'attacher sur le morceau de fer ou de bois , en ayant soin de faire des coches au cercle à l'endroit où il portera sur le morceau de bois ou de fer, pour que le cercle s'y enclave , et on l'attachera avec des fils-de-fer.

Afin de former le parapluie, on taillera des morceaux de bois d'une égale longueur nécessaires, étant plus larges et plus épais par un bout, se terminant en pointe par l'autre.

On placera les morceaux de bois préparés à l'extrémité du poteau , et on les clouera avec des pointes , puis l'autre bout de ces morceaux de bois sur le cercle, et on les attachera avec des fils-de-fer. Ainsi le parapluie naturel va se préparer avec le taillage, et la disposition des membrures du cep pour achever le parapluie naturel.

On choisira le sarment le plus beau dans toute sa longueur et on l'attachera au poteau et au morceau de bois ou de fer traversant le poteau ; on le taillera en y laissant

deux nœuds pour obtenir des membrures, que l'on tendra
à droite et à gauche sur le morceau transversal, et on les
fera croître jusqu'au cercle ; on les y attachera quand ces
membrures auront atteint le clercle ; on taillera les deux
membrures en laissant à chacune un nœud pour obtenir
une membrure, que l'on tendra comme le centre du cercle
en dedans et non en dehors, afin que, dans leur croissance,
ils puissent se joindre de l'un à l'autre et qu'ils forment la
couronne.

On attachera des fils de fer depuis le cercle jusqu'à la
tête du poteau. Ces fils de fer seront attachés comme le
centre du cercle ; alors les bourgeons qui pousseront sur
les membrures seront attachés aux fils de fer en dedans du
parapluie et non en dehors, en laissant sortir à la tête du
poteau les bourgeons pour flotter et recouvrir le parapluie
naturel de verdure.

Si dans les jardins il existait des fruitiers assez élevés
sans branches, on pourrait également établir ces parapluies
naturels ; mais il faudrait que les fruitiers aient les branches pendantes coupées ; on construira ces parapluies dans
le même système que celui expliqué plus haut dans ledit
chapitre ; on placera le morceau de bois ou de fer traversant le poteau à l'arbre ; on le placera de même à la hauteur au-dessus du sol plus ou moins ; il faudra opérer la
couche du cep jusqu'au pied de l'arbre, et faire cette
couche du côté du midi, pour qu'il soit favorisé dans sa
croissance par la lumière solaire ; il faudra tailler le cep
de même, disposer et tendre les membrures dans les mêmes dispositions que la construction du parapluie ; de
même, par la pose du cercle, les morceaux de bois d'égale
longueur plus larges et plus épais par un bout et en pointes
par l'autre, et on clouera ces morceaux avec des pointes,
en mettant les bouts les plus larges en haut ; on les clouera
au tronc de l'arbre, et l'autre bout de ces morceaux de
bois sur le cercle et on les attachera avec des fils de fer ;
les bourgeons qui pousseront sur les membrures, on les
attachera en dedans du cercle et non en dehors, en laissant à la tête du parapluie sortir les bourgeons en dehors,
et on les attachera au tronc de l'arbre, et le parapluie naturel de verdure, expliqué sur deux plants démontrés dans

ce chapitre, donneront pendant la belle saison un beaucoup-d'œil aux amis des sciences d'agrément.

Réflexions sur les sciences d'agrément, sur l'embellissement des jardins et enclos.

Les sapages de vignes alors en usage, pour le plantage des treillages le long des habitations, sont nécessaires pour le plantage ; l'organisation et le perfectionnement des sciences d'agrément sont expliqués et détaillés dans les chapitres 4, 5, 6, 7, 8, 9, 10, 11, 12, 13 et 14, concernant les sciences d'agrément.

DERNIÈRE PARTIE.

Administration générale des forêts, études sur l'aménagement et l'avenir des forêts.

CHAPITRE Ier.

Etudes sur l'origine des forêts ; principes à établir sur leurs aménagements et leur avenir.

Les forêts, en remontant à l'origine, sont une belle création à laquelle la Providence, dans sa bonté divine, a doté le genre humain ; heureux les mortels qui savent apprécier et respecter ces riches végétations naturelles, source inaltérable d'arbres fruitiers sauvages qui embellissent et enrichissent nos forêts, et par leur transplantation dans les campagnes et par la multiplication des greffes, fournit ces beaux arbres fruitiers de toute espèce qui, par leurs produits, augmentent le bien-être des peuples ; heureux les administrateurs des forêts qui respectent les diverses espèces de fruitiers sauvages répandues dans diverses forêts de France, et qui formeront toujours le type des fruitiers de toute espèce, répandus dans les campagnes favorables à leur végétation.

Les forêts dans leur origine et dans leur état primitif de nature, ces fruitiers sauvages répandus en grande partie dans les forêts, devaient être, par leurs produits, une source intarissable de fruits de diverses espèces, et qu'on pourra de nouveau multiplier par le nouveau procédé de classification des arbres sauvages établis dans un chapitre suivant sur les réserves des fruitiers.

Les forêts dans l'état actuel, sur la beauté, leurs forces et leur organisation végétale, ne sont plus à comparer avec ce qu'elles étaient avant 1789. Depuis cette époque, le système apporté dans la coupe des bois, fut d'enlever les gourmes, des souches qui ornaient, par leurs belles formes, les tailles de bois. Tout fut enlevé par la cognée du bûcheron ; il en est résulté dans la suite de graves abus dans les coupes de bois, suite de l'imprévoyance qui a fait tomber dans la décadence une partie des forêts et qu'il les a mises dans une grande infériorité de produit, suite funeste de l'enlèvement de la gourme des souches ; la gourme, ornant les tailles de bois et dans les parties de forêts où elle est respectée, par la cognée du bûcheron et par la recommandation des propriétaires à leurs agents forestiers, donne à ces belles souches de bois une grande quantité de sève qui garantit la pousse, la force dans leurs produits et dans les lieux humides ; les forêts coupées sur la gourme sont garanties et préservées d'être noyées par les eaux.

CHAPITRE II.

Coupes des bois à rase de terre, étude approfondie sur les désavantages de cette méthode de couper les bois, réflexions sur les avantages de la nouvelle méthode de la coupe des bois sur la gourme.

Art. 1ᵉʳ. Depuis 1840, j'ai été souvent occupé dans les forêts des travaux d'exploitations, j'ai beaucoup examiné la manière de couper les bois, les abus dans l'abattage, les réflexions approfondies sur les avantages de couper les bois sur la gourme.

Les ventes de bois qui sont coupées à rase de terre, s'opèrent dans l'abattage par l'enlèvement de la gourme des souches, qui ôtent une grande force dans la pousse des forêts et détériore le produit des bois joint à d'autres inconvénients dans l'exploitation, à l'égard des fruitiers sauvages dont on avait permis la destruction dans beaucoup de forêts; et des abus de destruction de souches de chêne, qui ont été arrachées par quelques bûcherons qui ne pensaient pas à la postérité pour les générations à venir; tous ces abus sont dus à la méthode de couper les bois à rase de terre. Voici, lecteur, un exemple qui s'est accompli sous mes yeux.

En 1840, étant facteur de vente, dans celle de Longue-Climat-des-Marmites, commune de Loury, un jour dans ma tournée de factage, j'ai examiné la coupe d'une taille de bois qu'un bûcheron venait de faire et qui était très-bien abattue; défiant la visite du garde forestier qui avait passé quelques heures avant, le bûcheron se mit à enlever le cœur de la souche qui était mort, il ne restait plus que la croûte qui était viable, et défiant le garde qui avait passé, il se mit avec sa cognée à fendre la souche et il la détruisit entièrement, en cacha les morceaux dans sa rame à faire des bourrées à la chaîne, en recouvrant de terre la souche détruite. Dans ce système de couper les bois à rase de terre, qui enlèvent dans l'abattage la gourme des souches; vous voyez dans les forêts un grand nombre de tailles de bois qui n'ont plus de souches parce qu'elles ont été prises de trop près par la cognée du bûcheron, et quand vous coupez de nouveaux ces tailles de bois, vous remarquez qu'une grande partie de ces tailles ne peuvent plus résister à la cognée du bûcheron, parce que la mère-souche a été détruite par des bûcherons qui ont fait des abus dans l'abattage des souches de chênes, abus dans le genre de celui expliqué dans la page précédente, sur une vente de bois appelée la vente Longue coupée en 1840; tous ces abus sont les suites dans l'abattage de l'enlèvement de la gourme des souches, suite des coupes à rase de terre.

Les forêts nécessaires à user dans les ventes en coupe de l'abattage à rase de terre, sont les bois de haute futaie, ayant plus de 30 ans, l'abattage à rase de terre est indispensable pour tous les bois de haute futaie, au-dessus de l'âge de 30 ans, à raison des causes suivantes, couper ces futaies sur la gourme donnerait un abattage qui serait contraire à l'uniformité des souches.

Les coupes de bois à rase de terre, dans les conditions nécessaires applicables à ces hautes futaies, l'abattage sera opéré de cette manière ; les souches seront coupées en de hors et non en dedans des tailles, le moins qu'on peut ; la coupe en dedans contribue à détruire les formes naturelles des souches ; les souches coupées en dedans les expose aussi à être noyées par les eaux ; enfin la figure des souches abattues doit présenter au milieu un peu plus bombé, et en pente tout alentour, afin de favoriser leurs égoûts.

ART. 2. Coupes des bois sur la gourme ; étude approfondie sur la nouvelle méthode de couper les bois.

Les forêts dans leur influence naturelle sur la science végétale, les souches sont dotées par une gourme qui donne les belles formes des souches de bois ; ces gourmes contiennent la sève qui garantit les belles formes et opère aux forêts une pousse plus belle et plus vigoureuse. La proposition de couper les bois sur la gourme est faite par l'auteur, en 1844, et cette méthode a été exécutée depuis en 1844, dans les coupes de bois de la propriété de Saint-Germain, appartenant à M. Bouglé, propriété située sur la commune de Loury et celle de Chilleurs-aux-Bois.

Coupes des bois sur la gourme ; leurs avantages pour renouveler les forêts et augmenter leurs produits.

Manière de couper les bois sur la gourme. Les administrateurs éclairés des forêts doivent comprendre par les lumières des sciences végétales, que la Providence par ses lois naturelles, à l'égard de la végétation, a doté les souches de bois d'une gourme contenant la sève et qui donne aux souches les formes qui facilitent les bûcherons dans l'abattage, en même temps qu'elle garantit les futaies d'une pousse plus belle et plus vigoureuse par l'abondance de la sève qui est garantie et conservée par les gourmes.

Les administrateurs des forêts, en faisant couper les bois sur la gourme, l'abattage doit être opéré de manière à couper les brins de taille sur les souches bien à rase la gourme, et que la coupe présente, en dehors, une pente à joindre le sol, suivant d'aucune souche ; et non d'autre, à cause de leurs élévations au-dessus du sol. Cette méthode de couper les bois ne fournit que peu ou point de copeaux, mais le prix d'exploitation pour les ouvriers, dans cette méthode des coupes sur la gourme, les ouvriers doivent être augmentés d'un tiers en proportion de l'abattage à rase de terre.

Dans cette méthode de couper les bois sur la gourme, le bûcheron y perd d'un côté, parce qu'il n'a point de copeaux à faire, mais en revanche il a plus de prix et moins de fatigue dans l'abattage sur la gourme ; à beaucoup de différence de celle à rase de terre, l'ouvrier, par la nouvelle méthode, assure le renouvellement des forêts et des bois de toute espèce, dont voici, lecteur, les études approfondies sur les avantages de la nouvelle méthode.

Les administrateurs des forêts, en général, doivent bien comprendre les avantages de la coupe des bois sur la gourme, par les réflexions suivantes : 1° En coupant les bois sur la gourme d'après la recommandation des administrateurs des forêts, la coupe, dans ce système, conservera généralement les souches par l'abattage sur la gourme ; vous ne verrez plus d'abus dans l'abattage comme ceux qui sont expliqués dans la première et la seconde pages de ce chapitre; 2° vous conserverez involontairement les fruitiers sauvages de toute espèce qui peuplent la plupart de nos forêts, et qui, dans l'avenir, seront la source inaltérable des sauvageons nécessaires à renouveler les fruitiers des forêts, et qui, dans les campagnes, garantissent les espèces de tout genre nécessaires au renouvellement des fruitiers greffés ; 3° les administrateurs des forêts, éclairés et instruits dans les sciences végétales, auront soin de faire arracher dans les ventes en coupe, les bois nuisibles à la propreté des forêts, tels que l'épine noire, l'épine blanche et les ronces, arbustes insupportables des forêts ; mais pour les autres espèces, tels que pommiers, poiriers, néfliers et génévriers, leur destruction serait une atteinte aux lois naturelles de la végétation, puisque la Providence, dans sa sublime charité divine, a doté les forêts de cette variété si utile et si nécessaire par leur transplantation au renouvellement des greffes de toutes les espèces d'arbres fruitiers répandues dans les campagnes.

Les administrateurs des forêts qui laisseraient à tort arracher les fruitiers sauvages par les bûcherons dans l'abattage des ventes de bois, porteraient atteinte dans la destruction des sauvageons aux lois naturelles dans la végétation et une insulte à la Providence qui a doté les forêts d'une variété indispensable au genre humain.

Les forêts, après une suite successive dans les coupes de bois de l'abattage sur la gourme, devront dans la suite occasionner de l'informité aux souches. A l'avenir, les forêts qui seront arrivées à cet état de choses, l'administration forestière procédera par procès-verbal à la coupe à rase de terre ; les souches rendues informes par leur hauteur et qui pourraient nuire à la vidange du bois, seront enlevées et cordées au profit de l'administration, moyennant un prix élevé pour le salaire des ouvriers, car l'abattage à rase de terre, dans les conditions expliquées par les articles précédents, est une tâche pénible et difficile, puisqu'il s'agit du renouvellement des souches, et que cette opération doit être exécutée en présence des agents de l'administration forestière.

CHAPITRE III.

Etudes sur les réserves à établir dans les forêts; distance des pièces de l'une à l'autre; réserve des fruitiers; la quantité de diverses espèces par hectare.

ART. 1er. Dans les coupes de bois , les réserves choisies par les gardes forestiers doivent toujours se faire un an d'avance et après la chute des feuilles , afin de mieux procéder aux balivages , et afin de mieux distinguer la flèche des réserves et d'éviter dans le choix du balivage de prendre des baliveanx couronnés dans le faîte ; on choisira de préférence , autant que possible , les pièces de réserve à l'écorce brune et la feuille chiquetée : le chêne impropre à la réserve à l'écorce plus blanche et la feuille plus large.

Les pièces de réserve , tels que chênes anciens , modernes et baliveaux composant la réserve des ventes en coupe , doivent être au moins à la distance de six à huit mètres l'un de l'autre dans la partie des forêts bien développées et favorisées par une belle végétation ; ces réserves étant de six à huit mètres de distance pour le moins , cela garantira leur croissance végétale, et les réserves classées à ces distances dans les ventes en coupe ne pourront point nuire à la pousse des jeunes bourgeons, tandis que les réserves trop nombreuses et trop près les unes des autres par leur croissance végétale et leurs ombrages, nuisent à la pousse des jeunes bourgeons.

Dans les réserves trop nombreuses, tout en nuisant à la pousse des jeunes bourgeons , c'est principalement le chêne qui en souffre le plus, parce qu'il est plus délicat que le charme et autres espèces de bois ; mais le bois impropre, telles que l'épine noire et l'épine blanche , bois insupportable dans les forêts, l'ombrage des réserves ne fait point périr l'arbuste résineux , ni même les ronces également insupportables. L'administration forestière autorise la destruction de l'épine noire et de l'épine blanche par les ouvriers dans les ventes en coupe, en les faisant arracher dans l'abattage ; mais l'on ne peut réussir à détruire entièrement ces arbustes épineux , parce qu'ils se renouvellent par les racines. La réserve dans les ventes en coupe classées dnas les conditions expliquées en ce qui touche les chênes anciens, modernes et baliveaux , et laissés à la même distance les uns des autres, comme il est expliqué plus haut , ne pourront point nuire à la pousse des jeunes bourgeons , et la végétation naturelle des forêts en souffrira moins ; mais elle ne sera pas altérée par les réserves des baliveaux dans les conditions expliquées dans ce chapitre.

ART. 2. Réserves des fruitiers à établir dans les forêts, étude approfondie sur l'importance de la variété et les avantages de ces fruitiers.

La Providence , en dotant nos forêts d'une variété indispensable de fruitiers sauvages nécessaires au genre humain , je propose à tous les agents de l'administration forestière de répandre le système bienfaisant de nos devanciers ; par les réserves d'arbres fruitiers à faire dans les forêts dont on voit encore une partie de ces échantillons réservés par nos devanciers, qui est un exemple laissé à la postérité de leur humanité envers le pauvre ; car les fruitiers sauvages sont une grande ressource pour le pauvre et un agrément pour le riche humain et généreux envers

le prochain ; ces échantillons laissés dans les réserves par
nos aïeux nous fournissent à nous , qui sommes disposés
à imiter leurs exemples, un moyen de renouveler et multiplier les fruitiers de toute espèce répandus dans les forêts. La réserve des fruitiers qui se composent encore
maintenant , sont les échantillons laissés par nos aïeux , et
ces fruitiers réservés sont actuellement les plus communs
qu'on rencontre dans les forêts; le nombre va toujours en
décroissant, parce qu'ils sont abattus dans les ventes en
coupe. Quant à la réserve des jeunes fruitiers , l'administration forestière n'aurait pas dû laisser dégénérer la
méthode de nos devanciers , à multiplier la variété des
réserves de fruitiers sauvages répandus dans les forêts. La
régénération des fruitiers par l'administration forestière
sera un hommage rendu à l'image vivante de nos devanciers par les échantillons épars çà et là dans les forêts.
J'appelle l'attention des administrateurs amis des sciences
végétales à renouveler la variété des fruitiers et à établir
les réserves dans les dispositions suivantes.

Art. 3. Réserves des fruitiers ; choix sur la variété et
la quantité par hectare dans les ventes en coupe.

Les parties de forêts où la variété des fruitiers répandus
dans plusieurs climats et dans les ventes en coupe , la
réserve des fruitiers à faire sera à la diligence de l'administration forestière , recommandée aux bûcherons par les
gardes forestiers de choisir pendant l'abattage les fruitiers de diverses espèces, tels que pommiers , poiriers,
cormiers , alisiers , néfliers et genévriers. Si toutefois les
échantillons sont assez communs dans les ventes alors en
coupe , le choix dans la variété de ces fruitiers ne pourra
pas être moindre de deux de chaque espèce par hectare.

Ces fruitiers à réserver dans les ventes en coupe , par
hectare, seront deux pommiers, deux poiriers , deux cormiers , deux alisiers , deux néfliers et deux genévriers ;
l'administration forestière aura soin de multiplier ces variétés dans les parties de forêts où les échantillons sont
assez communs ; les agents forestiers , en veillant à la conservation des forêts , veilleront aussi à celle des fruitiers
classés dans les conditions de ce chapitre.

Dans les réserves de fruitiers , on aura soin de faire

choix de chaque espèce et de les prendre , autant que
possible , à ce qu'ils ne soient point sur souche ; cela sera
difficile à l'égard du néflier, car il pousse en tailles de
plusieurs tiges sur la souche ; en choisissant ces espèces,
l'on prendra de préférence des souches simples et on les
élaguera jusqu'à la hauteur d'un mètre du sol.

Quand l'administration générale des forêts aura accompli les bases du système de renouveler les fruitiers de
toute espèce, tel qu'il est établi dans ledit chapitre, ils
seront d'accord avec les devoirs que leur impose la mission providentielle, en multipliant dans les forêts la variété dans les réserves de fruitiers sauvages ; ils accompliront les sentiments d'humanité et de charité envers le
pauvre, et un agrément pour le riche.

Les forêts , en général , composant le sol de diverses
contrées de la nation française, une fois dotées d'une variété classée et conditionnée sur les bases établies dans ce
chapitre , seront à l'avenir une source inaltérable de fruits
de toute espèce qui embellira et enrichira nos forêts de
ces belles variétés de fruitiers, en même temps qu'un
hommage rendu aux respects que nous devons à la sagesse
divine qui a doté les forêts de cette merveilleuse variété
si utile à l'humanité.

CHAPITRE IV.

*Etude sur l'ensemencement des forêts ; semis de glands
et de leur transplantation, clairières de bruyères
remplacées par les semis de glands.*

1° Depuis l'année 1844, époque à laquelle j'ai proposé
au sieur Sancier, garde , de prier M. Bouglé, propriétaire
des bois de Saint-Germain , situés sur les communes de
Loury et Chilleurs-aux-Bois, d'adopter la coupe des bois
sur la gourme, dont la méthode a toujours été suivie
depuis, les ventes dans cette propriété, qui a 22 ans de
futaie , ont une végétation plus belle que dans les futaies
de 27 à 28 ans coupées à rase terre. La vérité citée par
cet exemple est incontestable ; j'ai étudié et examiné
avec soin les moyens nécessaires de replanter les parties

de forêts dépourvues de végétation où il y a des bruyè-res, ajoncs et genêts ; ces bruyères peuvent être remplacées par les semis de glands; ces semis seront organisés et conditionnés sur les bases détaillées et expliquées dans la suite de ce chapitre.

Les habitations des gardes qui sont situées en partie dans les forêts, avec le terrain qui en dépend, sont très favorables à la replantation ; on réserverait une portion de ce terrain destiné aux ensemencements de glands, pour favoriser la replantation des forêts, joint avec les semis naturels que l'on voit dans les bois de haute futaie, et sous la plupart des chênes anciens, dans les parties garnies d'une belle végétation.

2° La Providence, par ses sublimes desseins, nous montre par la prodigieuse quantité de glands germés ou levés, et multipliés par les bois éclaircis de haute futaie, et sous divers chênes dans les parties de forêts favorisées d'une belle végétation, offre les moyens nécessaires de replanter les parties de forêts restées en landes, garnies de bruyères, et remplacer ces bruyères par des semis de glands levés en mottes carrées avec une bêche et une pioche en pente ; tous les glands qui seront sur ces mottes seront conservés.

Les administrateurs des forêts auront soin de faire réserver par les gardes dont les habitations sont bâties près et dans les forêts, une portion de terrain attenant à leurs habitations ; ce terrain sera mis en bonne façon avant de l'ensemencer de glands ; une fois que le terrain sera bien préparé, les gardes feront ramasser du gland pour le semer dans les dispositions suivantes.

Les semis de glands s'opéreront de la manière suivante : L'ensemencement se fera dans le mois de novembre ; on le sèmera à la volée comme l'on sème le blé dans les champs, et on le sèmera assez dru pour garnir la terre. Lorsqu'il sera levé, ce sera plus favorable pour le lever en mottes lorsqu'on voudra le planter, et on enterrera ce gland à la charrue ou à la pioche.

3° Plantations des semis de glands ; manière d'opérer ces semis de glands dans les clairières de bruyères.

Les administrateurs des forêts feront examiner par les

gardes forestiers les parties de forêts ayant plus de vingt ans, et environ trois ans avant la mise en coupe des ventes, les gardes examineront toutes les parties couvertes de bruyères ; l'administration des forêts aura soin, par leurs agents forestiers, de faire défense aux femmes de couper les bruyères dans les ventes à mettre en coupe ; ces défenses commenceront trois ans avant la mise en coupe, afin que ces bruyères aient le temps de pousser pour mieux les faire râcler par les ouvriers au moment de l'abattage. Aussitôt la coupe d'une vente réservée dans les conditions ci-dessus et à l'abattage, les gardes forestiers marqueront toutes les clairières de bruyères et auront soin de faire bien râcler par les ouvriers ces bruyères ; et l'année suivante, après la vidange des ventes, on fera piocher ces clairières par les ouvriers et par planches de deux mètres de largeur, et l'on piochera, si le temps le permet, aux mois de septembre et octobre ; l'on fera la plantation dans les mois de novembre et décembre. A cette époque, les pluies d'hiver favorisent le chevelu des semis de glands plantés en mottes ; ce plantage sera conditionné dans les dispositions suivantes.

Les semis de glands seront levés en mottes carrées au moyen d'une bêche et d'une pioche, et ces mottes devront avoir la largeur de la bêche ; tous les glands qui seront sur ces mottes on les laissera, parce que, dans le plantage, si l'un des glands manque, il en restera toujours assez ; il est nécessaire qu'il y ait plusieurs glands sur ces mottes, et ces mottes de semis seront transplantées avec soin dans les parties piochées ; on procédera au plantage dans l'ordre suivant : on découvrira, au moyen d'un râteau de bois, les semis pour les lever en mottes.

Les gardes planteurs feront faire par les ouvriers, dans les planches piochées, des trous avec une pioche sur le milieu et à un mètre l'un de l'autre, et ensuite on plantera dans ces trous les mottes de semis de glands ; on chaussera ces mottes de terre légère en ayant soin de ne point étouffer les glands en mettant de la terre par dessus. Une fois cette opération faite dans toutes les planches piochées, on façonnera ces plantations tous les ans aux mois de mai et juin, afin d'empêcher que les bruyères et l'herbe

ne puissent point étouffer les semis de glands. On aura
soin de faire ces façons par un temps sec, ce qui détruit
mieux les bruyères et l'herbe, et les façons données par
un temps sec seront toujours meilleures à ces jeunes plantations ; on aura soin de regarnir toutes les fois que l'on
trouvera des mottes de semis manqué à pousser dans
ces plantations, et l'on conservera dans lesdites plantations les mottes de semis à la distance d'un mètre l'un
de l'autre.

Lorsque ces plantations seront arrivées à la hauteur de
1 mètre 50 à 60 centimètres, comme il y a plusieurs
glands sur les mottes de semis planté, au lieu de les
couper, on ouvrira des couches à venir le long des rives
de chaque planche, et on couchera les glands de surplus
de ces mottes dans la couche ; il faudra les couvrir de
terre, en laissant sortir le bout aux deux rives de chaque
planche, qui servira d'alignement à ces doubles plantations destinées à regarnir toutes les plantes, en même
temps les forêts en général.

Si les ensemencements de glands dans les enclos des
habitations des gardes forestiers destinés à la transplantation des forêts se trouvaient trop éloignés des portions
de forêts que l'on veut replanter, on sera obligé de choisir
près des parties à replanter une portion de terrain où
existe des bruyères, et cette portion de terrain destinée
aux ensemencements, les bruyères y seront bien raclées
et bien piochées ; on le mettra en bonne façon pour l'ensemencer de glands. Avant d'ensemencer on mettra une
couche d'engrais de troisième ordre, dont la composition
est démontrée à la première partie des Études sur les
sciences usuelles ; après la déposition de l'engrais, bien
éparpiller et bien émietter. On semera le gland à la volée
comme on sème le grain, ensuite on l'enterrera à la charrue ou à la pioche, et on y passera la herse afin d'unir le
terrain ensemencé.

Dans le replantage des forêts, on peut encore extraire
des semis de glands si souvent multipliés dans les bois
éclaircis de haute futaie ; on lèvera ces semis par motte
carrée et mis sur le côté dans des paniers d'osiers exprès
ayant des poignées par les deux bouts, pour les transpor-

ter aux abords des routes et chargés dans des voitures avec beaucoup de précaution, pour les transporter aux endroits désignés par les gardes forestiers et les gardes planteurs, aidés de leurs ouvriers, regarniront par leur replantation toutes les clairières de bruyères et autres improductions végétales, qu'ils trouveront dans les diffé-rentes parties des forêts, et feront ces plantations quand les bruyères seront bien raclées et le terrain pioché par planche de deux mètres de largeur, ainsi avec les mottes de semis de glands extraites, soit dans les enclos des gar-dés forestiers, et les ensencements faits exprès par les gar-des planteurs dans les forêts, et les semis naturels que l'on trouve dans les bois éclaircis de haute futaie, et sous di-vers chênes anciens ; le plantage des semis sera toujours sur le milieu des planches et à un mètre l'un de l'au-tre.

Lorsque ces plantations seront exécutées, on les entre-tiendra tous les ans par les façons qu'on leur donnera aux mois de mai et juin ; et l'on donnera ces façons tous les ans à la même époque jusqu'à ce que les plantations soient bien prises et assurées de croître et prospérer ; et les gar-des forestiers surveilleront l'entretien de ces nouvelles plantations, et l'on fera défense aux femmes d'y couper de l'herbe dans lesdites plantations.

Dans les ventes de bois, tous les emplacements de chê-nes arrachés seront replantés par des semis de glands le-vés par mottes, comme il est expliqué dans ce chapi-tre.

4° Les gardes forestiers dont les habitations sont situées dans les forêts, auront soin de se procurer du bétail pour faire des fumiers ; si les moyens ne leur permettent pas de s'en procurer, l'administration générale des forêts usera à l'égard de ces gardes les devoirs que leur impose une sincère charité de leur procurer le bétail nécessaire pour faire des fumiers.

Les gardes auront soin de perfectionner les engrais de troisième classe, expliqués dans la première partie sur les engrais perpétuels, article 3 ; ils perfectionneront ces en-grais pour favoriser les ensemencements de glands dans les enclos et dans les parties de terrains réservés exprès dans les forêts, afin d'en aider la replantation ; ils auront soin de multiplier ces engrais auxquels leur situation les met à même de se procurer les éléments dans les forêts qui les entourent, et on les préparera sur les bases expliquées à l'Article 3 sur les engrais de troisième classe; ils pourront, avec la permission de l'administration générale des forêts, en confectionner tous les ans pour les jardiniers qui désireraient s'en procurer pour leurs jardins, ce qui ajoutera un bénéfice aux gardes forestiers établis près, et dans les forêts.

CHAPITRE V

Vidange des ventes de bois ; moyen nécessaire pour faciliter et améliorer le débardage des marchandises ; élagage des pièces de réserve.

Réflexions sur la propriété des bois de Saint-Germain appartenant à M. Bouglé, située sur les communes de Loury et Chilleurs ; exemple à suivre sur la méthode dans ces bois sur le débardage des marchandises sur les chemins et rives des ventes alors en exploitation ; moyen essentiel de conserver les jeunes bourgeons et d'augmenter la végétation et le produit des bois ; mais les conditions de ce débardage en usage dans ladite propriété, ne sont pas d'accord avec les conditions possibles et indispensables dans l'amélioration à introduire dans le débardage de ces marchandises.

Les bois abattus sur la gourme ; exemple suivi dans la propriété des bois de Saint-Germain ; le débardage des marchandises par les ouvriers; à cet égard, il est un moyen essentiel à suivre pour faciliter les ouvriers, diminuer leurs fatigues et favoriser généralement le débardage des marchandises sur les rives, routes et chemins autour des ventes abattues ; ce principe est très avantageux pour la conservation des forêts en général.

En 1866, j'ai travaillé dans une vente de Saint-Germain, vendue à un marchand de bois de Neuville-aux-Bois, nommé M. Quisfy, et dans cette vente les marchandises ont toutes été débardées sur les rives et routes autour de la vente comme c'est l'usage dans cette propriété. Je propose un moyen à suivre pour le débardage dans les conditions suivantes.

L'administration générale des forêts qui désirerait adopter le système de débardage des marchandises de l'une ou plusieurs forêts pendant l'exploitation des ventes de bois, conservera la pousse des bourgeons et évitera qu'ils ne soient endommagés par les voitures pendant le débit de la vente; le débardage, en outre, empêchera aussi d'endommager les souches qui, dans la vidange ordinaire des ventes jusqu'à ce jour dans le courant du débit des bois, la circulation des voitures tout à travers les ventes, endommage considérablement les souches, casse et écrase une grande partie des bourgeons, et fait beaucoup de tort à la végétation des forêts, surtout quand la vidange des ventes n'est pas favorisée par un bon débit. Quand une vente est débitée avant la première quinzaine de Juin, cela diminue beaucoup le dégât occasionné par les voitures.

Il est donc bien essentiel de remédier par un moyen quelconque et d'améliorer les fatigues des ouvriers, garantir la végétation des forêts, et le débardage réglé dans les conditions suivantes.

Le débardage des marchandises exploitées dans les ventes de la propriété de Saint-Germain s'opèrent de cette manière : à mesure que les ouvriers ont exploité une partie des marchandises de toutes façons, ils les débardent au moyen d'une brouette sur les routes et chemins autour de la vente ; ce débardage est bien pénible, car les marchandises qui se trouvent au milieu de la vente pour les conduire à la brouette sur les rives, cela est très fatiguant ; En 1866, j'ai éprouvé par moi-même les fatigues de ce genre d'exploitation dans une vente de Saint-Germain vendue à un marchand de bois de Neuville, et dont j'ai parlé plus haut dans ce chapitre ; j'ai aussi débardé ma part de ces marchandises que j'ai exploitées dans cette vente, et j'ai examiné avec soin les améliorations à introduire dans ce débardage, afin de diminuer les fatigues des ouvriers et exécuter ce débardage dans l'ordre suivant.

Dans les ventes de bois, l'exploitation des marchandises chaînées à l'atelier, commencent ordinairement dans la seconde quinzaine d'Avril ; les bourrées sous le pied se fa-

gotent l'hiver, provenant des épines, bruyères et ajones
que l'on enlève pour abattre le bois; l'administration des
forêts qui désirerait suivre le système du débardage en
usage dans cette propriété de Saint-Germain, peut en es-
sayer, quoique ce débardage n'est pas d'accord avec les
améliorations nécessaires à diminuer les fatigues des ouvriers.

Le débardage en usage dans ladite propriété se faisant
à la brouette dont se servent les ouvriers pour transporter
leurs marchandises sur les rives de la vente, ce genre de
débardage est très fatiguant, principalement aux personnes d'âge, ce qui oblige souvent les ouvriers à recourir,
dans le débit et en l'absence des gardes forestiers, d'en-
freindre le réglement dans ce débardage, d'introduire les
voitures à leurs ouvrages pour leur enlever les bourrées,
afin de les éviter du débardage et les soulager dans leurs
fatigues. Pour remédier à cette innocente infraction du
réglement en usage dans ladite propriété de Saint-Germain,
et pour que ce débardage soit d'accord avec les conditions corporelles des ouvriers, il faut l'établir dans le système qui suit.

Toutes les marchandises exploitées par les ouvriers qui
se trouvent au-delà de la distance de 60 mètres des rives
de la vente, il faut les débarder au moyen de carrioles
sur les chemins et tout autour de la vente ; les autres
marchandises qui ne sont qu'à la distance de 60 mètres
des rives de la vente seront débardées à la brouette, et
l'on fera défense d'opérer ce débardage avec des voitures à deux chevaux. Ces voitures à deux chevaux ayant
plus de poids que les carrioles, endommageraient les souches ; tandis que les carrioles ou petites charrettes qui ne
sont menées que par un cheval ou un âne, contribuent
beaucoup à éviter l'endommagement des souches, qui le
sont encore que trop souvent quand le débit d'une vente
dans ladite propriété est très actif. Alors les ouvriers ne
pouvant fournir au débardage des marchandises, les voitu-
riers sont forcés de venir prendre les bourrées à l'atelier,
sous la main de l'ouvrier ; car le poids de ces voitures diverses font beaucoup de mal aux souches, tandis que si le
débardage était fait avec des carrioles au delà de 6) mètres
des rives de la vente, le travail serait exécuté bien plus

promptement et les conditions seraient plus d'accord avec le possible et la force corporelle des ouvriers ; la végétation serait encore mieux préservée du dégât occasionné par les voitures des particuliers, clients des marchands de bois.

L'administration générale des forêts qui désirerait adopter le système de débardage des marchandises, pourrait suivre le système établi dans ce chapitre sur la propriété de Saint-Germain ; ils pourront, dans l'adjudication des ventes, faites par ordre de l'autorité administrative, établir les conditions à l'égard de diverses parties favorisées par une belle végétation, afin de les conserver pour l'avenir et doubler leurs produits en exécutant tous les principes d'aménagement mentionnés dans les chapitres précédénts, et pour le débardage dans celui-ci.

Le débardage exécuté dans toutes les conditions expliquées dans le présent chapitre, préserveront les forêts qui ne sont pas favorisées par un bon débit, ce qui reculera la vidange de beaucoup de ventes au 15 Avril de l'année suivante, à laquelle la vidange autorisée occasionne sûr la pousse accomplie des bourgeons d'un an, et expose ces bourgeons dans les jeunes ventes à un grand dégât pendant la vidange forcée de la vente ; si les marchandises étaient placées sur les rives de la vente, cela préserverait les jeunes bourgeons d'être écrasés par les voitures, comme il n'arrive que trop souvent dans les ventes exposées aux vidanges forcées du 15 Avril de l'année suivante.

Il est donc bien essentiel d'adopter pour les forêts en général le système de débardage dans les ventes de bois par les ouvriers, des marchandises diverses ; car en adoptant le débardage des marchandises par les ouvriers avec des carrioles, ceux des ouvriers qui n'en ont pas, aideront ceux qui en possèdent, à mettre les bourrées par quarteron ou tas de 25, et les ouvriers qui ont des carrioles débarderont les marchandises de ceux qui n'en ont pas ; c'est ainsi que dans ce système de débardage la fatigue des ouvriers diminuera, et une fois les marchandises exploitées, en cinq à six jours les ouvriers pourront débarder une vente tout entière ; tandis que l'usage ordi-

naire des ventes de laisser les marchandises sur place, cela
cause de grands dégâts aux bourgeons par la circulation
des voitures qui vont à travers la vente; et quand il reste
l'année suivante des marchandises à enlever au 15 Avril.
époque de la vidange forcée des ventes, à cette époque,
s'il reste le quart des marchandises à débarder pour les
enlever, il faudra, à cause de l'humidité, autant de temps
à débarder ces restes de marchandises hors la vente, comme il en faut aux ouvriers pour débarder la totalité de la
vente entière. Ainsi les conditions de débardage dont le
système est développé dans ce chapitre, garantiront les
forêts d'une belle végétation et augmenteront le bien-être
des peuples.

Maintenant, venons donner un mot sur la question de
l'élagage des pièces de bois dans les propriétés, parcs
qui en dépendent, arbres servant d'allées dans les forêts.

L'élagage des arbres est nécessaire le long des avenues
des châteaux, et le long des routes impériales, ainsi que
les chemins de communication pour donner de l'air.

Dans les forêts l'élagage des pièces de réserves destinées
à la charpente dans les ventes de bois, est nuisible à la fi-
nesse et à la propreté dans les travaux d'équarrissage des
bois de construction. Dans l'élagage des pièces de réserve, le procédé est pernicieux, car il occasionne des gourmes qui ôtent les belles formes des pièces par les gourmes
résultant de l'élagage, et les scieurs de long et les char-
pentiers ne sont pas amateurs de pièces qui ont été élaguées, parce qu'ils rendent les travaux d'équarrissage difficiles; et les pièces ne présentent pas un travail aussi
propre que les pièces qui n'ont point été élaguées; alors
l'élagage des pièces de réserve est un abus pour les bois
de construction. Pour remédier à ces abus, il est donc
nécessaire de préférer pour la charpente des pièces qui
par l'âge et par le temps subissent l'élagage par la chute
du bois mort, suite de l'influence des lois naturelles de la
végétation.

CHAPITRE VI.

Etude sur l'entretien des arbres à fruits ; mission des gardes planteurs dans les forêts et des gardes champêtres dans les campagnes ; désignation des bois pour y couper l'herbe, assainissement des forêts.

Les gardes planteurs, sous la direction des agents de l'administration forestière, seront chargés de veiller à la conservation des fruitiers réservés dans les forêts et classés dans l'ordre expliqué au chapitre III.

Devoirs des gardes planteurs dans cette mission pendant la saison des fruits de diverses espèces des forêts, principalement les pommiers, poiriers, aliziers, cormiers et néfliers. Le garde planteur veillera et recommandera aux personnes cueillant le fruit sauvage de ne point endommager les fruitiers de manière à les rendre improductifs pour les années suivantes.

Ils veilleront à la propreté végétale de ces fruitiers en ôtant le bois mort qui nuit à la production des fruitiers ; dans les coupes de bois et pendant l'abattage, ils recommanderont aux ouvriers , dans la réserve des fruitiers, de choisir les plus viables et les plus beaux des diverses espèces mentionnées au chapitre III.

Les gardes planteurs veilleront encore à l'entretien et à la conservation des semis de glands et de leur replantation ; ils veilleront aussi à ce que les façons soient données en temps et saison à ces semis replantés jusqu'à ce qu'ils soient bien poussés et capables de conserver leur végétation naturelle.

Ils examineront les parties de forêts qui n'ont pas d'écoulement favorable pour les eaux ; ils devront pratiquer les écoulements nécessaires et feront, d'après l'avis des agents supérieurs de l'administration forestière, rafraîchir les fossés d'assainissement des eaux.

Dans l'année qui suivra la vidange ordinaire des ventes, le garde planteur recherchera toutes les places de chênes arrachés pour les remplacer par des semis de glands mentionnés dans le chapitre IV de l'administration des forêts ; il examinera toutes les clairières de bruyères qu'il marquera ou fera marquer, afin de les faire piocher pour les replanter en semis de glands de la manière expliquée au chapitre IV; ils veilleront à observer l'âge des ventes de bois qui pourront être consacrées et réservées pour y couper l'herbe qui sera réglée dans l'ordre qui suit, et dans les conditions nécessaires à éviter tout délit contraire aux forêts.

Les bois où l'on peut couper l'herbe sont ceux au-dessus de l'âge de 10 ans ; à cet âge, tous les glands qui ont levé dans les jeunes ventes, après la vidange ordinaire du 15 Avril, sont hors de danger ; ils sont assez bien élevés pour qu'on puisse les distinguer, et les bois, à partir de l'âge de 10 ans, la coupe de l'herbe dans ces bois ne peut préjudicier à la végétation naturelle des forêts.

Les bois auxquels il est nécessaire de faire défense aux personnes d'y couper l'herbe sont :

1° Les jeunes ventes, à cause de la levée des glands; en coupant de l'herbe, il est difficile qu'on ne coupe pas involontairement de jeunes glands.

2° Les ventes qui sont replantées dans les conditions expliquées au chapitre IV sur l'ensemencement et la transplantation des forêts.

3° Les bois éclaircis de haute futaie; la défense d'y couper de l'herbe est indispensable pour la conservation des semis naturels qui en sont si prodigieusement multipliés ; la conservation de ces semis naturels est très avantageuse pour la replantation générale d'après le système établi au chapitre IV sur l'ensemencement des forêts.

4° Les jeunes plantations, faites partie de glands, bouleaux, sapins et espèces de divers bois, la défense est également nécessaire jusqu'à l'âge de 10 ans.

Les gardes planteurs entretiendront ou feront entretenir l'écoulement des eaux par les fossés d'assainissement dans les parties de forêts dont ils sont chargés de la surveillance et de l'entretien des plantations, et surveilleront l'entretien des chemins de communication des routes, pour favoriser la vidange des ventes de bois. Voilà donc la mission des gardes planteurs qui leur sera transmise par l'administration forestière.

Voici maintenant la mission des gardes champêtres dans les campagnes.

La mission actuelle des gardes champêtres à l'égard des arbres à fruits de toute espèce dans les villes et campagnes se borne, jusqu'à ce jour, à l'échenillage des fruitiers et à l'élagage d'arbres, qui, par leurs branchages, nuisent à l'influence de l'air, aux routes et chemins de communication. L'échenillage est indispensable pour les fruitiers en général.

Si les chenilles causent de grands dégâts aux arbres à fruits de toute espèce, il est un parasite aux arbres à fruits qui est indestructible et plus funeste aux pommiers que la chenille. Les dégâts occasionnés par les chenilles varient d'une année à l'autre ; il y a des années où il y en a beaucoup et causent aux arbres de grands dégâts, et d'autres années où il y en a peu.

Cette fatalité à laquelle les arbres à fruits sont attaqués en grande partie, principalement les pommiers de toute espèce, cette peste qui détruit une parties des arbres, c'est ce qu'on appelle le *Gui* ; il est plus funeste que la chenille qui n'a qu'un temps ; tandis que le *Gui* dure toujours, et si vous le laissez croître, eh bien, il fera périr le fruitier.

Alors l'autorité administrative devra recommander aux gardes planteurs des forêts, aux gardes champêtres des communes qui, dans leur mission, sont chargés de veiller à la conservation des arbres à fruits de toute espèce, la destruction de cet insecte.

Les arbres à fruits de diverses espèces dans les campagnes sont de plusieurs climats perfectionnés dans leur végétation par les sauvageons levés dans les forêts ; alors la mission des gardes planteurs et des gardes champêtres dans les villes et campagnes ce sera de veiller à l'entretien, à la propreté et à la perfection végétale des arbres à fruits.

Les gardes champêtres continueront à faire écheniller les arbres à fruits et à la destruction du gui qui est plus funeste aux arbres que la chenille.

Si des propriétaires ayant des arbres à fruits remplis de de gui, et que soit par l'âge ou par infirmité ils ne peuvent monter avec une échelle dans les arbres pour ôter le gui et le bois mort; afin de bien approprier les arbres, il sera nécessaire, à cet égard, de faire nommer par les autorités une personne exprès et payée par les propriétaires ayant des arbres à fruits ; et quand ce procédé démontré dans ce chapitre sera mis à exécution, l'opinion publique se souviendra que, dans les campagnes, la propreté des fruitiers en augmentant les productions plus belles, donnera un coup-d'œil qui s'accordera mieux avec l'influence de la Providence, qui sera plus douce par les lois naturelles de la végétation appropriée dans les conditions démontrées dans ce chapitre.

Mais avec le procédé que je viens d'expliquer pour la propreté des arbres à fruits, ajoutons encore un autre procédé indispensable à la conservation végétale des fruitiers à l'égard des façons.

Les arbres qui couvrent le sol par leurs branches pendantes sont ordidairement plus productifs que les autres , à cause de leurs conditions naturelles, à conserver leur chevelu ; ce sera un exemple pour les propriétaires qui, dans les façons que l'on donne aux autres arbres à fruits, il est bien essentiel de ne point trop défoncer la terre sous les fruitiers dans les façons qu'on leur donne, parce que cela détruit le chevelu et en altère la force ; il suffit dans les façons données aux arbres, de ne faire que bien râcler la terre, afin de faire mourir l'herbe.

Telle est la manière que, dans ce chapitre, doivent remplir les gardes planteurs dans les forêts, et les gardes champêtres dans les campagnes.

*Supplement au chapitre des engrais perpétuels. Ré-
flexions à ajouter à la dernière ligne du chapitre 1,
page 14, sur la confection des engrais de 1ᵉʳᵉ, 2ᵉ
et 3ᵐᵉ classes.*

Les fermes exploitées par les fermiers et les petites localités exploitées par les propriétaires, qui n'auraient
point dans leur cour des bassins pour recevoir les égouts
occasionnés par l'excès des grandes pluies, auront soin
d'en établir près des fumiers pour servir, au besoin, à l'arrosage dans la préparation des engrais. Si les circonstances
de lieu et de position ne permettaient pas de pouvoir établir de bassin pour la préparation des engrais, ils pourront
s'en procurer dans les bassins de leurs voisins, après leur
en avoir demandé la permission. Ce moyen essentiel aidera beaucoup à la confection des engrais, car il existe
des localités très favorables à ces engrais par des mares et
bassins dans les cours des fermiers et des petits cultivateurs. Ces mares et bassins, provenant des égouts des fumiers ou eaux noires, seront conservés pour la confection
des engrais perpétuels. Il existe des localités qui sont tout
à fait dépourvues de mares ou bassins d'eaux noires. A raison des réflexions ci-dessus et à raison des conséquences
qui peuvent en résulter, les engrais démontrés dans ce
chapitre, pourront se confectionner partout.

Tous les éléments qui seront enlevés des forêts pour la
préparation des engrais de troisième classe, on aura soin
de les extraire, tels que feuilles de diverses espèces de
bois qui composent les forêts, ainsi que les autres éléments
cités dans le chapitre ; on aura soin de les conserver dans
des bâtiments exprès, afin d'éviter qu'ils ne soient altérés
par les eaux pluviales.

L'extraction de ces éléments devra toujours se faire aux
mois de Novembre et Décembre au plus tard, avant que
les pluies n'aient altéré les éléments si utiles et si nécessaires pour la confection des engrais de troisième classe ;
le tas d'engrais devra avoir de 5 à 6 pieds de large et rond
pour pouvoir l'arroser à toutes les doubles couches.

Les propriétaires qui, par des circonstances de lieu et
de position, ne pourraient, à cause de la nature du terrain,

avoir des marnières pour avoir de la terre afin de mélanger leurs engrais, seront obligés d'avoir recours à celles de leurs champs. Les particuliers qui sont dans le voisinage de ceux qui ont des marnières, pourront acheter quelques mètres cubes de terre des marnières ou des sablières pour mélanger leurs engrais.

Supplément au chapitre XIV sur les sciences d'agrément concernant les parapluies naturels de verdure, touchant les poteaux, à la dernière page de ce chapitre.

Les poteaux dont il est expliqué dans le chapitre XIV, touchant le placement du morceau de bois traversant le poteau, un seul ne suffit pas pour soutenir le cercle; il est nécessaire d'employer un second morceau de bois d'égale longueur au premier, et qu'il soit placé au centre opposé, pour que le cercle fût appuyé sur les quatre bouts, afin de donner de la solidité et de garantir la pose du cercle.

CONCLUSION.

Vous trouvez, ami lecteur, dans la première partie sur la composition des engrais perpétuels, un moyen essentiel de soulager les fatigues des batteurs en grange, et une occasion de leur procurer du travail pour les dédommager de celui que leur ôtent les machines à battre les grains : l'agriculteur honnête et laborieux saura utiliser l'emploi de ces engrais.

Dans la seconde partie, vous trouvez les réflexions approfondies sur les maladies de la vigne, les préjugés qui en sont la cause, démontrée et développée dans les chapitres II et III de la science vinicole et les moyens nécessaires pour renouveler les vignes et en multiplier les plantations dans les belles plaines de la Beauce.

La troisième partie s'applique aux sciences d'agrément. Vous trouvez dans cette partie les plants à choisir pour l'embellissement des jardins de la noblesse, la bourgeoisie, et les riches campagnards. Le chapitre le plus important est le chapitre **XIII**, non pas sous le rapport du produit, mais sous celui de l'embellissement établi pour détruire la malpropreté ou l'insalubrité autour des lieux consacrés à la religion chrétienne.

La quatrième partie s'applique à l'administration générale des forêts, et donne les moyens nécessaires de diminuer les fatigues des ouvriers dans les coupes de bois, ainsi que des enseignements favorables pour les forêts ; ce sera une occasion d'occupation continuelle pour la postérité et les moyens capables par les travaux avantageux dont cette partie les favorisera ; puis cela les éloignera de la pensée du braconnage par les intérêts que leur procurera l'exécution de la nouvelle administration forestière.

Telle est, ami lecteur, la mission accomplie d'un pauvre citoyen, aidé de la volonté de Dieu. Si les bons pensent à lui faire des louanges à cet égard, ils ne devront s'adresser qu'à la Providence, qui éclaire l'intelligence de la vive lumière.

FIN.

TABLE DES MATIÈRES

CONTENUES DANS CET OUVRAGE.

PREMIERE PARTIE.